AI 驱动创意制造与设计

AI赋能
Rhino 产品造型创意设计

(Rhino 8.0)(视频教学版)

兰 珂 黄晓瑜 主编

人民邮电出版社
北京

图书在版编目（CIP）数据

AI 赋能 Rhino 产品造型创意设计：Rhino 8.0：视频教学版 / 兰珂，黄晓瑜主编. -- 北京：人民邮电出版社，2025. -- (AI 驱动创意制造与设计). -- ISBN 978-7-115-66116-6

Ⅰ．TB472-39

中国国家版本馆 CIP 数据核字第 2025NX1986 号

内 容 提 要

本书以 Rhino 8.0 中文版作为操作平台，采用由浅入深、循序渐进的方式，全面而系统地介绍 Rhino 8.0 各项功能的基本操作方法，以及人工智能（Artificial Intelligence，AI）辅助设计的基础理论及应用技巧。

本书涵盖诸多实用的案例研究、详尽的操作指南与技巧，以及对设计理念的深刻剖析，旨在帮助读者掌握 Rhino 8.0 和 AI 辅助设计在现代设计中的应用。学习本书内容，读者将获得与未来设计发展相关的专业知识和技能，加深对行业趋势和创新方法的理解，为个人成长打下坚实的基础。

本书适用于那些想要学习和应用 Rhino 8.0 结合 AI 进行产品设计的设计师、专业院校学生、教育培训机构学员和产品设计爱好者。无论读者是初学还是已具备一定经验，均可从本书中汲取宝贵的知识和指导。

◆ 主　编　兰　珂　黄晓瑜
  　责任编辑　李永涛
  　责任印制　王　郁　胡　南

◆ 人民邮电出版社出版发行　北京市丰台区成寿寺路 11 号
  邮编　100164　电子邮件　315@ptpress.com.cn
  网址　https://www.ptpress.com.cn
  临西县阅读时光印刷有限公司印刷

◆ 开本：700×1000　1/16
  印张：13.75　　　　　　　2025 年 5 月第 1 版
  字数：266 千字　　　　　　2025 年 5 月河北第 1 次印刷

定价：79.90 元

读者服务热线：(010)81055410　印装质量热线：(010)81055316
反盗版热线：(010)81055315

前言

Rhino 是一款强大的概念造型设计工具，其应用范围广泛，涵盖三维动画制作、工业制造、科学研究以及机械设计等多个领域，深受设计师的青睐。

在这个前沿技术飞速发展的时代，设计领域正经历着翻天覆地的变化，其中，Rhino 8.0 结合 AI 辅助设计技术无疑是最令人振奋的进步之一。

本书详细介绍 Rhino 8.0 的基本操作方法和新功能的应用技巧，同时深入探讨 AI 辅助设计的原理和实践应用，使读者能够充分利用这些先进技术来优化和创新设计工作。

全书共 7 章。从基础概念到高级技巧，每一章都通过丰富的示例和实用的练习，确保读者能够理解并应用书中的知识和技巧。

- 第 1 章：介绍 Rhino 8.0 的工作界面和工作视窗等内容，以及 AI 辅助设计概述。
- 第 2 章：介绍 Rhino 8.0 的曲线绘制方法与编辑功能。
- 第 3 章：介绍 Rhino 8.0 的曲面造型设计方法及技巧。
- 第 4 章：介绍 Rhino 8.0 的实体造型设计方法及技巧。
- 第 5 章：介绍 AI 在辅助产品方案设计中的应用方法。
- 第 6 章：介绍如何利用 AI 辅助产品造型设计。
- 第 7 章：介绍增强的 AI 渲染技术，揭示 AI 如何革新传统的渲染方法，为设计师和建筑师拓展更广阔的创作空间。

本书适合工业产品、珠宝、建筑及机械等设计专业的技术人员和相关设计爱好者学习。

本书由桂林信息科技学院的兰珂老师与黄晓瑜老师主编。感谢你选择了本书，希望我们的努力对你的工作和学习有所帮助，也希望你把对本书的意见和建议告诉我们。联系邮箱：shejizhimen@163.com（作者）。

编者
2024 年 10 月

资源与支持

资源获取

本书提供如下资源。

- 本书思维导图。
- 异步社区 7 天 VIP 会员。
- 本书实例的素材文件、结果文件及实例操作的视频教学文件。

要获得以上资源,您可以扫描右侧二维码,根据指引领取。

提交勘误

作者和编辑尽最大努力来确保书中内容的准确性,但难免会存在疏漏。欢迎您将发现的问题反馈给我们,帮助我们提升图书的质量。

当您发现错误时,请登录异步社区(https://www.epubit.com),按书名搜索,进入本书页面,单击"发表勘误",输入勘误信息,单击"提交勘误"按钮即可(见下图)。本书的作者和编辑会对您提交的勘误进行审核,确认并接受后,您将获赠异步社区的 100 积分。积分可用于在异步社区兑换优惠券、样书或奖品。

与我们联系

我们的联系邮箱是 liyongtao@ptpress.com.cn。

如果您对本书有任何疑问或建议,请您发邮件给我们,并请在邮件标题中注明本书书名,以便我们更高效地做出反馈。

如果您有兴趣出版图书、录制教学视频,或者参与图书翻译、技术审校等工作,可以发邮件给我们。

如果您所在的学校、培训机构或企业想批量购买本书或异步社区出版的其他图书,也可以发邮件给我们。

如果您在网上发现有针对异步社区出品图书的各种形式的盗版行为,包括对图书全部或部分内容的非授权传播,请您将怀疑有侵权行为的链接发邮件给我们。您的这一举动是对作者权益的保护,也是我们持续为您提供有价值的内容的动力之源。

关于异步社区和异步图书

"**异步社区**"(www.epubit.com)是由人民邮电出版社创办的 IT 专业图书社区,于 2015 年 8 月上线运营,致力于优质内容的出版和分享,为读者提供高品质的学习内容,为作译者提供专业的出版服务,实现作译者与读者在线交流互动,以及传统出版与数字出版的融合发展。

"**异步图书**"是异步社区策划出版的精品 IT 图书的品牌,依托于人民邮电出版社在计算机图书领域 40 多年的发展与积淀。异步图书面向 IT 行业以及各行业使用 IT 的用户。

目录

第 1 章　Rhino 8.0 初探与 AI 辅助设计概述　001

1.1　Rhino 8.0 初探　001
- 1.1.1　Rhino 8.0 的工作界面　001
- 1.1.2　管理工作视窗　003
- 1.1.3　管理坐标系与工作平面　007
- 1.1.4　管理视图　011

1.2　AI 辅助设计概述　013
- 1.2.1　AI 的生成式应用分类　013
- 1.2.2　AI 常用大语言模型　014

第 2 章　曲线绘制与编辑　016

2.1　构建基本曲线　016
- 2.1.1　绘制直线　016
- 2.1.2　绘制自由造型曲线　026
- 2.1.3　绘制圆　028
- 2.1.4　绘制椭圆　029
- 2.1.5　绘制多边形　030

2.2　绘制文字　031

2.3　曲线延伸　033
- 2.3.1　延伸曲线与延伸到边界　033
- 2.3.2　曲线连接　036
- 2.3.3　延伸曲线（平滑）　036
- 2.3.4　以直线延伸　037
- 2.3.5　以圆弧延伸至指定点　037
- 2.3.6　以圆弧延伸（保留半径）　038
- 2.3.7　以圆弧延伸（指定中心点）　039
- 2.3.8　延伸曲面上的曲线　040

2.4　曲线偏移　040
- 2.4.1　偏移曲线　041
- 2.4.2　往曲面法线方向偏移曲线　044
- 2.4.3　偏移曲面上的曲线　046

2.5　混接曲线　046
- 2.5.1　可调式混接曲线　047
- 2.5.2　弧形混接曲线　048
- 2.5.3　衔接曲线　051

2.6　曲线修剪　052
- 2.6.1　修剪与切割曲线　053
- 2.6.2　曲线的布尔运算　053

2.7　曲线倒角　054
- 2.7.1　曲线圆角　054
- 2.7.2　曲线斜角　055
- 2.7.3　全部圆角　056

第 3 章　曲面造型设计　　057

- 3.1 挤出曲面　　057
  - 3.1.1 直线挤出　　057
  - 3.1.2 沿着曲线挤出　　065
  - 3.1.3 挤出至点　　067
  - 3.1.4 挤出曲线成锥状　　068
  - 3.1.5 彩带　　068
  - 3.1.6 往曲面法线方向挤出曲线　　069
- 3.2 旋转曲面　　070
  - 3.2.1 旋转成形　　070
  - 3.2.2 沿着路径旋转　　071
- 3.3 放样曲面　　072
- 3.4 扫掠曲面　　076
  - 3.4.1 单轨扫掠　　076
  - 3.4.2 双轨扫掠　　077
- 3.5 延伸曲面　　079
- 3.6 曲面倒角　　080
  - 3.6.1 曲面圆角　　081
  - 3.6.2 不等距曲面圆角　　081
  - 3.6.3 曲面斜角　　084
  - 3.6.4 不等距曲面斜角　　084
- 3.7 曲面的连接　　085
  - 3.7.1 连接曲面　　085
  - 3.7.2 混接曲面　　086
  - 3.7.3 衔接曲面　　087
  - 3.7.4 合并曲面　　089
  - 3.7.5 偏移曲面　　089
- 3.8 实战案例——兔子儿童早教机建模　　090
  - 3.8.1 添加背景图片　　091
  - 3.8.2 创建兔头模型　　092
  - 3.8.3 创建身体模型　　100
  - 3.8.4 创建兔脚模型　　103

第 4 章　实体造型设计　　109

- 4.1 体素实体　　109
  - 4.1.1 创建立方体　　109
  - 4.1.2 球体　　110
  - 4.1.3 锥形体　　112
  - 4.1.4 圆柱体　　113
  - 4.1.5 圆环体　　114
- 4.2 挤出实体　　115
  - 4.2.1 挤出表面形成实体　　116
  - 4.2.2 挤出曲线形成实体　　117
- 4.3 布尔运算工具　　119
- 4.4 编辑实体　　121
  - 4.4.1 洞（孔）命令　　121
  - 4.4.2 倒角工具　　125
  - 4.4.3 线切割　　126
  - 4.4.4 将面移动　　126
  - 4.4.5 自动建立实体　　127
  - 4.4.6 将平面洞加盖　　127
  - 4.4.7 抽离曲面　　127
  - 4.4.8 合并两个共平面的面　　128
  - 4.4.9 取消边缘的组合状态　　128
  - 4.4.10 打开实体物件的控制点　　128
  - 4.4.11 移动边缘　　129
  - 4.4.12 将面分割　　130
  - 4.4.13 将面摺叠　　130
- 4.5 实体变换操作　　130

4.5.1	移动	131	4.5.5	倾斜	135
4.5.2	复制	132	4.5.6	镜像	136
4.5.3	旋转	133	4.5.7	阵列	136
4.5.4	缩放	133	4.6	综合案例：创建轴承支架	138

第 5 章　AI 辅助产品方案设计　142

- 5.1 利用百度 AI 生成产品研发方案　142
  - 5.1.1 制作产品研发（文本）方案　142
  - 5.1.2 制作产品概念图　146
- 5.2 利用 Midjourney 制作产品设计方案图　147
- 5.2.1 Midjourney 中文站　148
- 5.2.2 Midjourney 的提示词　149
- 5.2.3 Midjourney 辅助产品设计案例　153

第 6 章　AI 辅助产品造型设计　160

- 6.1 利用 Shap-E 平台生成模型　160
- 6.2 利用 3DFY Prompt 平台生成模型　165
- 6.3 利用 RhinoScript 脚本建立模型　166
- 6.4 利用 Python 脚本建立模型　173
- 6.5 3D 生成式 AI 辅助产品设计　178
  - 6.5.1 CSM 的 3D 模型生成　178
  - 6.5.2 细化 3D 模型　180

第 7 章　增强的 AI 渲染技术　184

- 7.1 基于 Rhino 渲染器的渲染　184
  - 7.1.1 渲染前的准备　184
  - 7.1.2 Rhino 渲染设置　185
- 7.2 基于 AI 的渲染　194
  - 7.2.1 基于 ArkoAI 的智能渲染　194
  - 7.2.2 基于 Veras 的智能渲染　203

第 1 章　Rhino 8.0 初探与 AI 辅助设计概述

随着技术的不断进步，设计领域正经历着一场深刻的变革。Rhino 8.0 的强大功能与 AI 的创新应用相结合，为设计领域增添了无限的可能性。本章将带领读者初步探索 Rhino 8.0 的工作界面和基本管理功能，并了解 AI 辅助设计的概念、应用分类和常用大语言模型，为深入学习后续章节奠定基础。

1.1　Rhino 8.0 初探

Rhino 8.0 以其卓越的建模精确度、高度灵活的设计工具，以及对复杂几何形状的高效处理能力，成为相关领域的设计师不可或缺的助手。

1.1.1　Rhino 8.0 的工作界面

下面以打开的一个珠宝设计文件为例，介绍 Rhino 8.0 的工作界面，如图 1-1 所示。

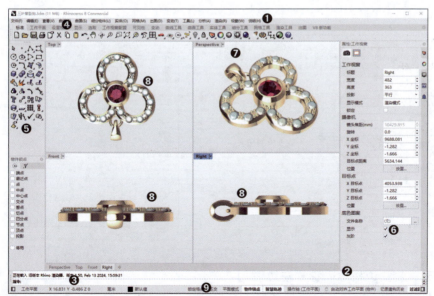

①菜单栏；②命令监视区；③命令行；④工具列群组；⑤左侧边栏；⑥右侧容器；⑦透视图；⑧正交视图；⑨状态栏

图 1-1

001

一、菜单栏

菜单栏包括了各种各样的文本命令与帮助信息，用户在操作中可以直接选择相应的命令来执行相应的操作。

二、命令监视区

命令监视区用于监视各种命令的执行状态，并以文本形式显示。

三、命令行

命令行接受各种文本命令的输入，提供命令参数设置。命令监视区与命令行又并称为命令提示行，在使用工具或命令的同时，命令提示行中会做出相应的更新。

四、工具列群组

工具列群组（类似于功能区）汇聚了一些常用工具列，以图标的形式呈现给用户，以提高工作效率。用户可以在工具列群组中添加工具列或移除工具列。工具列分为固定工具列和浮动工具列，工具列群组中的工具列就是固定工具列。浮动工具列可通过单击某工具右下角的 ◢ 按钮打开，如图1-2所示。单击浮动工具列中的 按钮可添加浮动工具列，单击 × 按钮可关闭浮动工具列。

> **提示**：为了区别固定工具列和浮动工具列，在后续的章节中，将固定工具列称为"标签"，将浮动工具列称为"工具列"。

浮动工具列可以显示或关闭。在菜单栏中执行【工具】/【选项】命令，在弹出的【Rhino 选项】对话框的【工具列】设置页面中勾选或取消勾选工具列名称前的复选框，即可显示或关闭该浮动工具列，如图1-3所示。

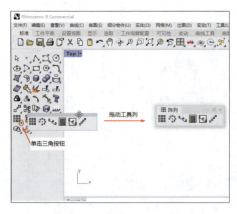

图 1-2

图 1-3

五、左侧边栏（简称"左边栏"）

左侧边栏中列出了常用的建模工具，包括点、曲线、网格、曲面、布尔运算、实体及其他变动工具等。

> **提示**：Rhino 工作界面中的左边栏有两种，一种是默认状态下的通用左边栏（称作"Rhinoceros 边栏"），另一种是某一个标签下的左边栏。Rhinoceros 边栏中的命令是通用的，不专属于某一个标签。有些标签有其专属的左边栏，此类标签有【曲线工具】标签、【曲面工具】标签、【实体工具】标签、【细分工具】标签、【网格工具】标签及【渲染工具】标签，它们各自的左边栏也被称作"曲线绘制边栏""曲面边栏""实体边栏""细分边栏""网格边栏""渲染边栏"。

六、右侧容器

右侧容器中容纳了【图层】、【属性】、【显示】、【说明】、【贴图】、【环境】等面板，通过这些面板，可以查看在视图中所选对象的属性，分配各自的图层，以及在使用相关命令或工具的时候查看该命令或工具的帮助信息。

七、透视图

透视图以立体方式展现正在构建的三维对象，展现方式有线框模式、着色模式等。用户可以在此视图中旋转三维对象，从各个角度观察正在创建的对象。

八、正交视图

3 个正交视图（Top 视图、Right 视图、Front 视图）分别从不同的观察方向展现正在构建的对象，帮助用户合理地布置要创建模型的方位，并通过这些正交视图更好地完成较为精确的建模。需要注意的是，这些视图在工作区域的排列不是固定不变的，用户还可以添加更多的视图，如后视图、底视图、左视图等。

九、状态栏

状态栏主要用于显示某些信息或控制某些项目，这些信息和项目有工作平面坐标信息、工作图层、锁定格点、物件锁点、智慧轨迹、记录建构历史等。

1.1.2 管理工作视窗

在 Rhino 的工作界面中，工作视窗（简称视窗）是用户绘制、操控及显示模型的区域。视窗由物件、视窗标题、背景、工作平面格线、世界坐标系等元素构成。

> **提示**：视窗中的元素可平行投影显示，也可透视显示，这里的"显示"指的是视图显示。视图是指从特定角度观察模型的方式，常见视图类型如 Top 视图、Right 视图、Front 视图等。视窗是有边界的，而视图是无限大的。视图名称也是视窗的标题。在某些情况下，视图可被指定为工作平面。

一、工作视窗布局

在 Rhino 中有 3 种常见的视窗布局类型，分别是 3 个工作视窗、4 个工作视窗和最大化工作视窗。

(1) 3个工作视窗。

在【工作视窗配置】标签中单击【三个工作视窗】按钮⊞，视窗区域变成3个视窗，包括Top视窗、Front视窗和Perspective视窗，如图1-4所示。

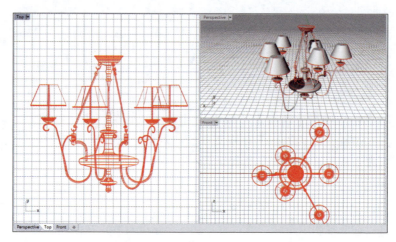

图 1-4

(2) 4个工作视窗。

在【工作视窗配置】标签中单击【四个工作视窗】按钮⊞，视窗区域变成4个视窗，包括Top视窗、Front视窗、Right视窗和Perspective视窗。4个工作视窗布局也是建立模型文件时默认的视窗布局，如图1-5所示。

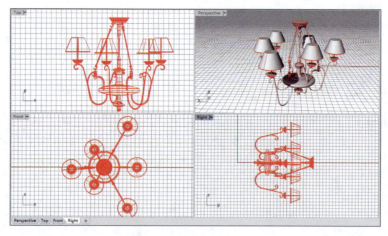

图 1-5

(3) 最大化工作视窗。

在【工作视窗配置】标签中单击【最大化/还原工作视窗】按钮▢，可以将多个视窗变成一个视窗，如图1-6所示。

1.1 Rhino 8.0 初探

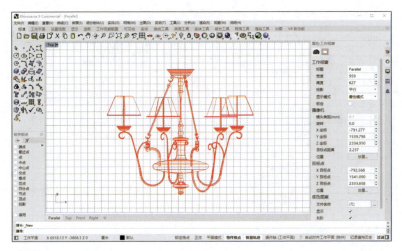

图 1-6

二、操作工作视窗

用户可以在原有视窗布局上新增视窗，新增的视窗处于漂浮状态，还可将视窗进行分割，如 1 分 2、2 分 4 等。

（1）新增视窗。

在【工作视窗配置】标签中单击【新增工作视窗】按钮，可以新增一个 Top 视窗，如图 1-7 所示。

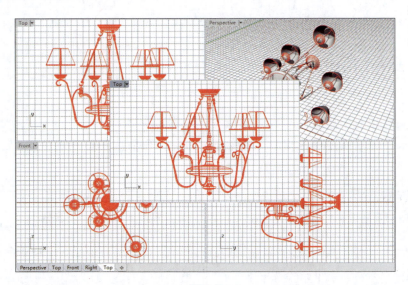

图 1-7

如果要关闭新增的视窗，可以右击【新增工作视窗】按钮，或者在视窗区域底部右击要关闭的视窗的标签，并选择快捷菜单中的【删除】命令，如图 1-8 所示。

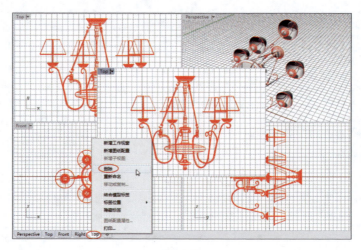

图 1-8

（2）水平分割视窗。

选中一个视窗，再单击【工作视窗配置】标签中的【水平分割工作视窗】按钮 ，可以将选中视窗在水平方向一分为二，如图 1-9 所示。

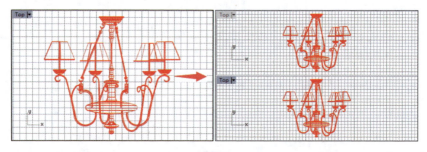

图 1-9

（3）垂直分割视窗。

与水平分割视窗操作相似，可将选中的视窗在垂直方向一分为二，如图 1-10 所示。

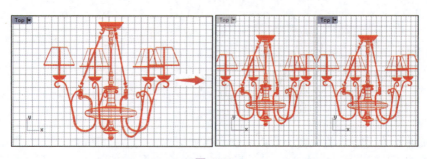

图 1-10

（4）工作视窗属性。

选中某个视窗，再单击【工作视窗属性】按钮，在右侧容器的【属性】面板中会显示【工作视窗】设置选项。通过【属性】面板，可以设置所选视窗的基本属性，如标题、视窗宽度与高度、投影方式、显示模式、摄像机镜头的位置、目标点的位置、底色图案的配置与显示等，如图1-11所示。

1.1.3 管理坐标系与工作平面

坐标系与工作平面是建立基础模型的最基本的两个参考工具。坐标系是用于精确绘制图形的不可或缺的参考工具，工作平面则是建模的必不可少的基准。

图 1-11

一、Rhino 的坐标系

Rhino 有两种坐标系，分别是工作坐标系（相对坐标系）和世界坐标系（绝对坐标系）。世界坐标系在空间中固定不变，工作坐标系可以在不同的视窗分别设定。

> 提示：默认情况下，工作坐标系与世界坐标系是重合的。

（1）世界坐标系。

Rhino 有一个无法改变的世界坐标系。当 Rhino 提示用户输入一点时，用户可以输入世界坐标。每一个视窗的左下角都有一个世界坐标系图标，用以显示世界坐标系的 x 轴、y 轴和 z 轴的轴向。当用户旋转视图时，世界坐标系也会跟着旋转，如图 1-12 所示。

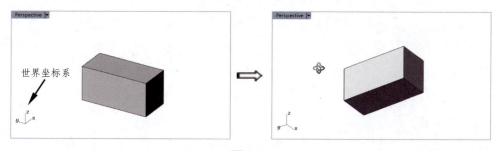

图 1-12

（2）工作坐标系。

工作坐标系由坐标系原点、x 轴、y 轴、z 轴（默认隐藏）组成，如图 1-13 所示。

工作坐标系中的 x 轴、y 轴和 z 轴也称"格线轴",工作坐标系会随着工作平面的变动而改变。

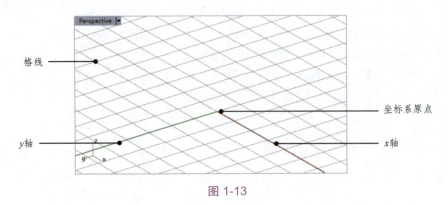

图 1-13

二、工作平面

每个视窗都有一个工作平面,用户可以在其上自由操作。除非使用坐标输入、垂直模式、物件锁点或其他限制方式,用户都可以将工作平面视为鼠标在其上移动的桌面。

工作平面是一个看不见的、无限延伸的假想平面。为了能清晰展示工作平面,Rhino 以"格线"形式来表示其存在,格线的格数与间距可由用户定义。图 1-14 所示为 Perspective 视窗中的格线(工作平面)、工作坐标系(x 轴、y 轴和 z 轴)和世界坐标系。

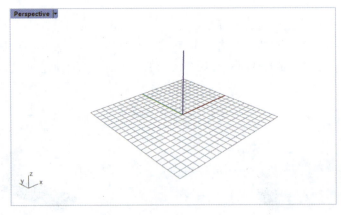

图 1-14

> ↘ **提示**:若要显示或隐藏视窗中的几何元素,如格线、坐标轴、世界坐标系等,可以在容器的【显示】面板中勾选或取消勾选【格线】、【工作平面轴线】、【Z 轴】和【世界坐标轴图标】等复选框。

1.1 Rhino 8.0 初探

Rhino 的 4 个视窗各有预设的工作平面，Perspective 视窗和 Top 视窗的工作平面是以世界坐标系的 Top 平面进行预设的。

- Top 视窗的工作平面的 x 轴和 y 轴对应于世界坐标系的 x 轴和 y 轴。
- Right 视窗的工作平面的 x 轴和 y 轴对应于世界坐标系的 y 轴和 z 轴。
- Front 视窗的工作平面的 x 轴和 y 轴对应于世界坐标系的 x 轴和 z 轴。
- Perspective 视窗的工作平面是世界坐标系的 Top 平面。

【例 1-1】用工作平面方法绘制椅子曲线。

要绘制的椅子曲线如图 1-15 所示。

1. 在菜单栏中执行【文件】/【新建】命令，或者在【标准】标签中单击【新建文件】按钮，打开【打开模板文件】对话框。单击对话框底部的【不使用模板】按钮，完成模型文件的创建，如图 1-16 所示。

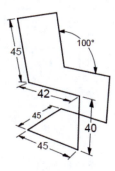

图 1-15

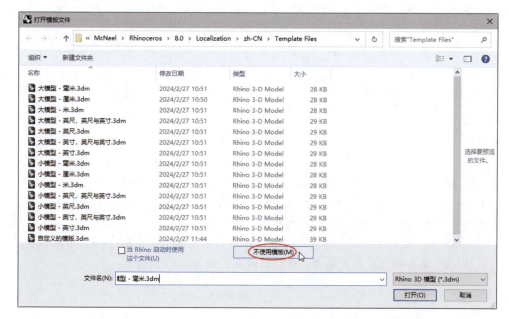

图 1-16

2. 在【工作平面】标签中单击【设置工作平面为世界 Top】按钮，然后在窗口底边的状态栏中单击【正交】选项和【锁定格点】选项。

3. 在 Rhinoceros 边栏中单击【多重直线】按钮，然后锁定到工作坐标系原点并单击，以此确定多重直线的起点，如图 1-17 所示。

4. 往 x 轴正方向移动鼠标指针，然后在命令行中输入 45 并单击，完成第一条线段的绘制，如图 1-18 所示。

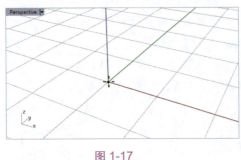

图 1-17　　　　　　　　　　　　图 1-18

5. 同理，单击【设置工作平面为世界 Front】按钮，竖直向上移动鼠标指针，在命令行中输入 40 并单击，绘制第 2 条线段，如图 1-19 所示。

6. 保持同一工作平面，向左移动鼠标指针，在命令行中输入 42 并单击，绘制第 3 条线段，如图 1-20 所示。

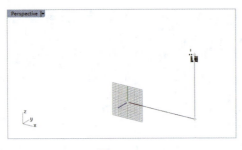 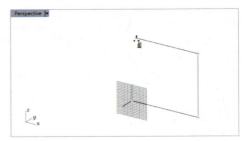

图 1-19　　　　　　　　　　　　图 1-20

7. 单击状态栏中的【正交】选项，暂时取消正交控制。在命令行中输入 <100，按 Enter 键确认后，移动鼠标指针到 100° 延伸线上，然后在命令行中输入 45，单击完成第 4 条线段的绘制，如图 1-21 所示。

8. 单击【正交】选项，单击【设置工作平面为世界 Left】按钮，沿水平正方向延伸 45，单击确认后完成第 5 条线段的绘制，如图 1-22 所示。

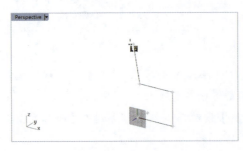 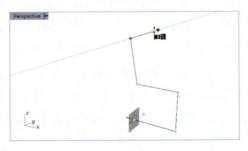

图 1-21　　　　　　　　　　　　图 1-22

9. 用同样的方法，通过切换工作平面，完成其余线段的绘制，最终结果如图 1-23 所示。

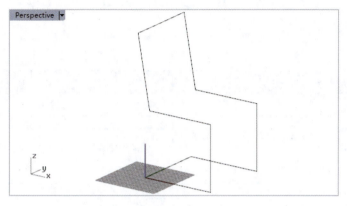

图 1-23

1.1.4 管理视图

三维建模设计类软件有很多相通的地方，但是它们的管理视图操作又有一定的区别，这里将着重讲解在 Rhino 中的管理视图的基本操作方法。

一、视图操控

Rhino 中的视图操控方法一般有以下两种。

（1）利用标签中的命令平移、缩放和旋转视图。

在【标准】标签中包含操控视图的平移、缩放和旋转的命令，如图 1-24 所示。

图 1-24

也可以在【设置视图】标签中选择视图操控命令来操控视图，如图 1-25 所示。

图 1-25

（2）利用鼠标和快捷键操控视图。

利用鼠标和快捷键可以提升操作速度，常用的鼠标和快捷键的功能如下。

- 鼠标右键——在 3 个平面视窗中平移视图，在透视视窗中旋转视图。
- 鼠标滚轮——放大或缩小视图。
- Ctrl+ 鼠标右键——放大或缩小视图。

- Shift+鼠标右键——在任意视窗中平移视图。
- Ctrl+Shift+鼠标右键——在任意视窗中旋转视图。
- Alt+以鼠标左键拖曳——复制视图中的物件（指物体或对象）。

常用的快捷键和功能说明见表1-1。

表1-1

快捷键	功能说明
Shift+PageUp	调整透视图摄影机的镜头焦距
Shift+PageDown	调整透视图摄影机的镜头焦距
E	端点物件锁点
O、F8、Shift	切换正交模式
P	切换平面模式
F9	切换格点锁定
Alt	暂时启用/停用物件锁点
End	重做视图改变
Ctrl+Tab	切换到下一个视窗
PageUp	放大视图
PageDown	缩小视图

> **提示**：如果视图无法恢复到最初的状态，可试着在菜单栏中执行【查看】/【工作视窗配置】/【四个视窗】命令。如果使用鼠标和键盘无法对透视图进行旋转操作，可试着在Rhino工具列中选择旋转工具来对视图进行旋转。

二、设置视图

视图总是与工作平面关联，每个视图都可以作为工作平面。Rhino中常见的视图包括7个：6个基本视图和1个透视图。

设置视图可以在【设置视图】标签中单击视图按钮进行操作，如图1-26所示。

图1-26

也可以在菜单栏中执行【查看】/【设置视图】命令，进而选择相关的设置视图命令，如图1-27所示。

还可以在各个视窗的左上角单击三角箭头，展开视窗菜单后选择【设置视图】命令，进而选择相关的设置视图命令，如图1-28所示。

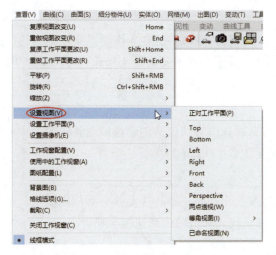
图 1-27

图 1-28

1.2　AI 辅助设计概述

近年来，AI 与工业设计领域的结合成为设计领域技术进步的一个显著亮点，极大地转变了设计师的工作模式，并扩展了设计领域的界限，标志着先进技术与创造性思维的完美结合。AI 辅助设计不仅释放了设计师的双手，更重要的是拓宽了他们的思维空间，给设计带来了无限可能。随着 AI 技术的不断演进和深化，我们期待它在工业设计领域带来更加深远的变革，为人们提供更加精准化、智能化和个性化的设计解决方案。

1.2.1　AI 的生成式应用分类

AI 的生成式应用主要指使用 AI 技术生成新的内容、数据或行为模式，而不是基于现有信息进行分析或预测。这些应用涵盖从文本、图像到音乐、视频，甚至代码的自动生成。以下是主要的生成式 AI 应用分类。

一、文本生成

AI 的文本生成技术可以自动创作新闻稿、散文、小说、诗歌等类型的文本内容。这类应用包括自动新闻报道生成、创意写作辅助、自动生成邮件回复和聊天机器人等。

二、图像生成

AI 的图像生成技术可以创建全新的图像或修改现有图像，包括人脸生成、艺术作品创作、图像风格转换和虚拟服装试穿等。

三、音频生成

AI 的音频生成技术可以创作音乐、模仿特定风格的音乐作品或生成语音等。这类应用包括虚拟音乐家、自动生成的背景音乐和文本到语音（Text To Speech，TTS）转换等。

四、视频生成

AI 的视频生成技术能够生成或编辑视频内容，包括创建虚拟现实内容、生成视频游戏场景、自动化视频特效以及深度伪造（Deepfake）等。

五、代码生成

AI 的代码生成技术可以自动编写或优化代码，提高开发效率和代码质量。这类应用包括自动生成网页或应用界面、补全代码和自动化测试脚本等。

六、数据增强和模拟

在数据稀缺的领域，AI 可以生成新的数据集用于训练更健壮的机器学习模型。这类应用包括通过模拟生成训练数据、合成医学图像数据以及增强现实数据等。

七、虚拟角色和数字人生成

利用 AI 生成的虚拟角色或数字人可以应用在娱乐、教育和客户服务等领域，提供交互体验和个性化服务。

八、设计和创意辅助

AI 在设计领域的应用除了能提升设计的效率和精准度，还包括辅助设计师通过算法生成创意设计方案，如建筑设计、时尚设计和产品设计等。

生成式 AI 应用所带来的创新浪潮，不仅为专业领域提供了新的工具和方法，也为普通用户开辟了创造和表达自我的全新途径。随着 AI 技术的发展，这些应用将更加多样化和深入人心，为各行各业带来深远的影响。

1.2.2 AI 常用大语言模型

在 Rhino 软件中，AI 辅助设计常用的 AI 大语言模型主要有以下几种。

一、AI 语言聊天大语言模型

当用户在设计过程中需要及时了解相关的设计信息或其他知识时，可以通过 AI 进行语言、语音聊天对话，如咨询最新的设计风格、先进的设计理念。此类具有代表性的 AI 大语言模型如 OpenAI 的 ChatGPT、阿里云的通义、百度的文心一言、谷歌的 Bard、微软的 Copilot 等。

除了语言文字交流，部分 AI 大语言模型还具备图像生成、视频生成、数据分析及 PPT 制作等功能。

二、AI 图像生成大语言模型

AI 图像生成大语言模型是利用 AI 技术，根据文本或其他输入自动创造出逼真图像的一种模型。这种模型通常基于深度神经网络（如 Transformer 或扩散模型）进行大规模的预训练和微调，以提高生成图像的质量和多样性。

AI 图像生成大语言模型有很多应用场景，如游戏、动画、艺术、设计、教育等。它们也可以与其他模态的生成模型结合，如文本、音频、视频、3D 模型等，实现更丰富的创作效果。下面对部分知名的 AI 图像生成大语言模型进行简要介绍。

- Midjourney：一款由 Leap Motion 开发的 AI 图像生成工具，可以应用于游戏、动画、艺术、设计、教育等众多场景。
- DALL·E 3：这款 AI 图像生成工具由 OpenAI 开发，能够根据文本描述组成的提示词生成原始、真实、逼真的图像，也可以应用于游戏、动画、艺术、设计、教育等众多场景。
- Imagen：一款由谷歌开发的 AI 图像生成工具，基于 Transformer 模型，能够利用预训练语言模型中的知识，根据文本生成图像。
- Stable Diffusion：一款基于潜在扩散模型的 AI 图像生成工具，能够在潜在空间中迭代去噪以生成图像。
- 通义万相：一款由阿里云开发的 AI 图像生成大语言模型，可以根据用户输入的文字内容，生成符合语义描述的不同风格的图像，或者根据用户输入的图像，生成不同用途的图像。

三、AI 3D 模型生成大语言模型

AI 3D 模型生成大语言模型通常使用 AI 算法自动将文本、2D 图像或草图转换为 3D 模型。用户只需输入提示词或者上传图片，AI 工具便能分析文字与图像内容并生成相应的 3D 模型。这类工具大大简化了 3D 建模的过程，使非专业人士也能轻松创建 3D 模型。

第 2 章 曲线绘制与编辑

Rhino 中的曲线是构建模型的基础,也是读者学习后面的曲面构建、曲面编辑、实体编辑等内容的入门知识。本章将详细讲解曲线绘制与编辑功能的应用。

2.1 构建基本曲线

常见的基本曲线包括点物体、直线、多重直线、圆,以及多边形和文字曲线等。Rhino 的曲线绘制工具主要集中在曲线绘制边栏中,如图 2-1 所示。

图 2-1

2.1.1 绘制直线

直线可以看作是特殊的曲线。我们可以从其他的物体上创建直线,也可以用它们获得其他的曲线、表面、多边形面和网格物体。

在曲线绘制边栏中长按 ∧ 按钮,会弹出【直线】工具列,如图 2-2 所示。

图 2-2

- 【单一直线】 ∕ :单击此按钮,在视窗中任意位置确定线段的起点,然后拖曳鼠标指针来确定线段的终点。若是需要精确控制线段的长度,可在命令行中输入长度值,按 Enter 键后在视窗中单击,即得到一条固定长度的线段,如图 2-3 所示。

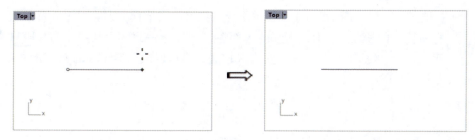

图 2-3

- 【直线：从中点】：单击此按钮可从中点向两侧等距离绘制线段。在视窗中单击一点作为起点，然后单击按钮，将会显示一条以起点为中点，同时往两侧等距离拉出的线段，如图 2-4 所示。
- 【多重直线】：单击此按钮后，在视窗中单击一点作为多重线段的起点，然后单击下一点，如果需要可以继续单击绘制，最后按 Enter 键或者右击结束绘制，如图 2-5 所示。

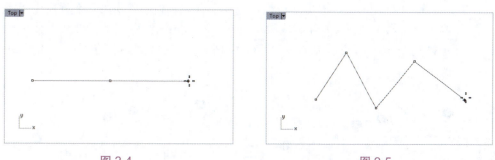

图 2-4   图 2-5

- 【直线：曲面法线】：单击此按钮可沿着曲面表面的法线方向绘制线段。选择一个曲面表面，在表面上单击线段的起点，然后单击一点作为线段的终点，则这条线段为该曲面在起点处的法线，如图 2-6 所示。若是单击线段终点前，在命令行中输入"B"，则会出现以起点为中点，沿表面法线的方向同时往两侧绘制的线段，如图 2-7 所示。

图 2-6   图 2-7

- 【直线：与工作平面垂直】：单击此按钮可绘制垂直于当前工作平面（xy 坐标平面）的线段。操作与绘制单一的线段基本上一致，只是绘制的线段只能垂直于 xy 坐标平面。同样，右击按钮，也可以绘制 BothSide 模式的线段，如图 2-8 所示。

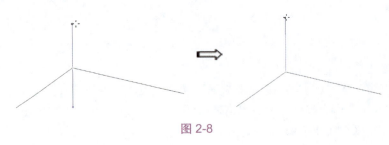

图 2-8

> 提示：BothSide 模式线段是指以起点为中点，向正反两个方向等距延伸的线段。BothSide，即双向的意思。

- 【直线：四点】：单击此按钮可过 4 个点来绘制一条线段。在视窗中指定两个点（点 1 和点 2）确定线段的方向，然后在线段两端的延伸线上分别指定第 3 点（选择该点所在的线段即可）和第 4 点，从而绘制一条线段，如图 2-9 所示。

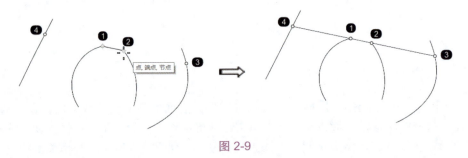

图 2-9

- 【直线：角度等分线】：单击此按钮可沿着虚拟的角度的平分线方向绘制线段，如图 2-10 所示。

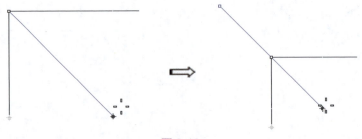

图 2-10

> **提示**：如果需要绘制水平或竖直的线段，只需在拖动鼠标时按住 Shift 键即可。

- 【直线：指定角度】：单击此按钮可绘制与已知直线呈一定角度的线段，如图 2-11 所示。

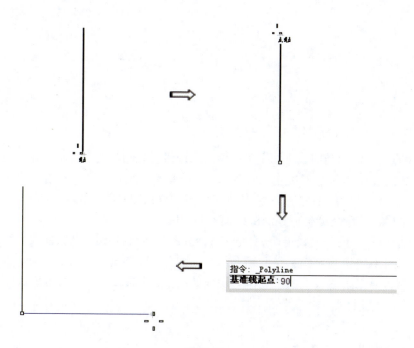

图 2-11

- 【逼近数个点的直线】：单击此按钮可绘制一条线段，并使其通过一组被选择的点。单击按钮，选择视窗中的一组点，按 Enter 键，将会在这些被选择的点之间出现一条相对于各点距离均最短的线段，如图 2-12 所示。
- 【直线：起点与曲线垂直】：单击此按钮可绘制垂直于选择曲线的线段，垂足为线段的起点。该命令同样也可以绘制 BothSide 模式的线段，如图 2-13 所示。

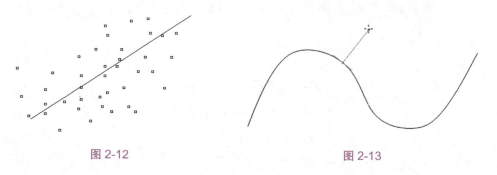

图 2-12　　　　　　　　　　图 2-13

- 【直线：与两条曲线垂直】 ✎：单击此按钮可绘制垂直于两条曲线的线段，如图 2-14 所示。
- 【直线：起点相切、终点垂直】 ✎：单击此按钮可在两条曲线之间绘制一条至少与其中一条曲线相切的线段，如图 2-15 所示。

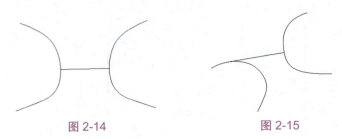

图 2-14   图 2-15

- 【直线：起点与曲线正切】 ✎：单击此按钮可绘制与被选择曲线的切线方向一致的线段。单击 ✎ 按钮，而后单击曲线，将会出现一条总是沿着曲线切线方向的白线，沿白线任选一点作为该线段的终点即可绘制线段，如图 2-16 所示。同样，该命令可绘制 BothSide 模式的线段。
- 【直线：与两条曲线正切】 ✎：单击此按钮可绘制相切于两条曲线的线段。单击 ✎ 按钮，选择第一条曲线上的希望被靠近的切点，作为切线的起点，然后选择第二条曲线上的切点作为切线的终点，按 Enter 键或右击确认完成，如图 2-17 所示。

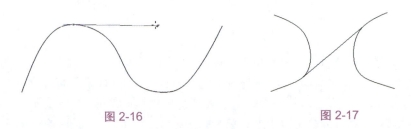

图 2-16   图 2-17

- 【多重直线：通过数个点的直线】 ✎：单击此按钮可绘制一条穿过一组被选择的点的多重线段。单击此按钮 ✎，依次单击数个点（不得少于两个），单击的顺序决定了多重线段的形状，按 Enter 键或右击确认完成，如图 2-18 所示。

图 2-18

- 【将曲线转换为多重直线】⟡：单击此按钮可将 NURBS 曲线转换为多重线段。选择需要转换的 NURBS 曲线，按 Enter 键确认，输入角度公差值，再按 Enter 键结束，该 NURBS 曲线即可转换为多重线段，如图 2-19 所示。

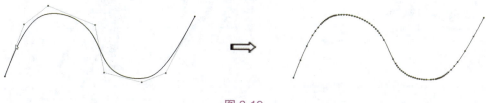

图 2-19

> **提示**：角度公差值越大，转换后的多重线段就越粗糙；角度公差值越小，转换后的多重线段就越接近原始 NURBS 曲线，并会产生大量的节点。

- 【多重直线：网格上】⟡：单击此按钮可直接在网格物体上绘制多重线段。选取网格物体，按 Enter 键确认，在网格物体上拖动鼠标开始绘制多重线段，松开鼠标则绘制完成一段，还可以继续绘制。按 Enter 键或者右击结束绘制，如图 2-20 所示。

图 2-20

【例 2-1】绘制创意椅子曲线。

1. 新建 Rhino 文件。在菜单栏中执行【查看】/【背景图】/【放置】命令，弹出【打开位图】对话框。

> **提示**：用户也可在工具列群组的空白区域右击，在弹出的快捷菜单中选择【显示工具列】命令，通过弹出的【库】菜单勾选【背景图】复选框后将【背景图】工具列显示在工具列群组中，最后在【背景图】工具列中单击【放置背景图】按钮⟡，打开【打开位图】对话框。

2. 从本例源文件夹中打开"创意椅子参考位图 .jpg"文件，如图 2-21 所示。

3. 在 Top 视窗中放置参考位图，如图 2-22 所示。

图 2-21

图 2-22

4. 暂时隐藏格线。在曲线绘制边栏中单击【多重直线】按钮，然后绘制图 2-23 所示的多重线段。

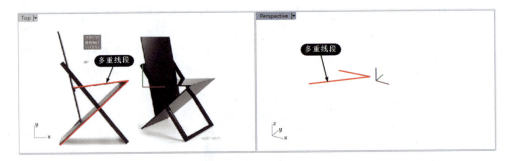
图 2-23

5. 在【直线】工具列中单击【直线：从中点】按钮，在上一步的多重线段端点处开始绘制，线段中点与多重线段另一端点重合，如图 2-24 所示。

图 2-24

6. 在【曲线工具】标签中单击【延伸曲线】按钮，在命令行中输入延伸长度 4，然后右击确认，完成延伸，如图 2-25 所示。（注：长度、宽度、高度等单位为 mm，省略不写。）

2.1 构建基本曲线

图 2-25

7. 在【直线】工具列中单击【单一直线】按钮，选中前面绘制的线段和多重线段，右击后输入挤出长度 -12，最后右击完成曲面的创建，如图 2-26 所示。

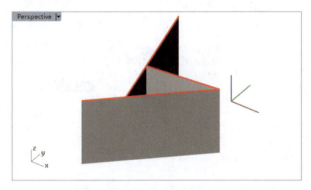

图 2-26

8. 按 Enter 键重复执行【单一直线】命令，在 Top 视窗中绘制图 2-27 所示的线段。

图 2-27

9. 在【曲线工具】标签中单击【偏移曲线】按钮，选择步骤 8 中绘制的线段作为偏移参考，然后在 Right 视窗中指定偏移侧，输入偏移距离 12，右击完成偏移，如图 2-28 所示。

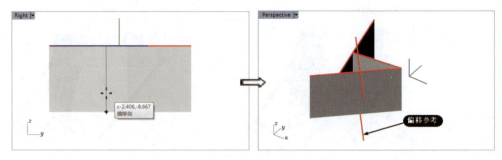

图 2-28

10. 按 Enter 键重复执行【偏移曲线】命令，分别偏移上下两条线段，各向偏移的距离均为 0.8，如图 2-29 所示。偏移后将原参考曲线隐藏或删除。

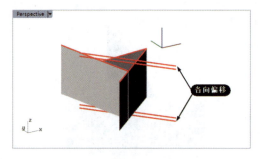

图 2-29

11. 在【曲线工具】标签中单击【可调式混接曲线】按钮，在弹出的【调整曲线混接】对话框中选择连续性的位置，单击【确定】按钮，绘制连接线段，如图 2-30 所示。

12. 同理，在另一端绘制另一条连接线段。

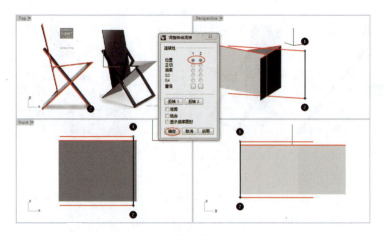

图 2-30

13. 在菜单栏中执行【编辑】/【组合】命令，将4条线段组合成一条多重线段，如图2-31所示。

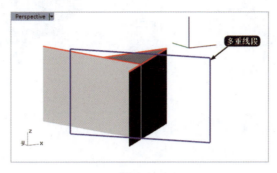

图 2-31

14. 在菜单栏中执行【曲面】/【挤出曲线】/【彩带】命令，选择组合的多重线段，创建图2-32所示的彩带曲面。

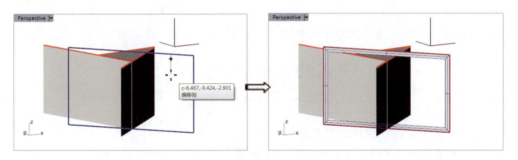

图 2-32

15. 在菜单栏中执行【实体】/【挤出曲面】/【直线】命令，然后选择步骤14中创建的彩带曲面，创建挤出长度为0.8的实体，如图2-33所示。

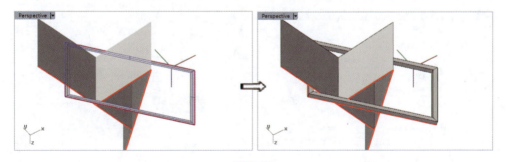

图 2-33

16. 最后在菜单栏中执行【实体】/【偏移】命令，选择挤出曲面来创建偏移厚度为0.2的实体，如图2-34所示。

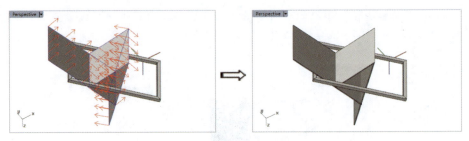

图 2-34

至此,完成了创意椅子的曲线造型。

2.1.2 绘制自由造型曲线

非均匀有理 B 样条曲线(Non-Uniform Rational B-Splines,NURBS)和 NURBS 曲面在传统的制图领域不存在,是为使用计算机进行 3D 建模而专门创建的。

NURBS 曲线也被称为自由造型曲线,NURBS 曲线的曲率和形状是由控制点(Control Vertex,CV)和编辑点(Edit Point,EP)共同控制的。绘制 NURBS 曲线的命令有很多,都集中在【曲线】工具列中,如图 2-35 所示。

图 2-35

【例 2-2】绘制创意沙发曲线。

1. 新建 Rhino 文件。在工具列群组中显示【背景图】标签。

2. 在【背景图】标签中单击【放置背景图】按钮,弹出【打开位图】对话框,从本例源文件夹中打开"创意沙发参考位图.jpg"文件,如图 2-36 所示。

3. 在 Top 视窗中放置参考位图,如图 2-37 所示。

图 2-36

图 2-37

4. 暂时隐藏格线。在菜单栏中执行【曲线】/【自由造型】/【内插点】命令,或者在【曲线】工具列中单击【内插点曲线】按钮,然后绘制图 2-38 所示的曲线。

> **提示**：如果绘制的曲线间看起来不平滑，可以执行菜单栏中的【编辑】/【控制点】/【开启控制点】命令，按 Ctrl 键并拖动控制点编辑曲线的连续性，如图 2-39 所示。在后面章节中我们还将讲解关于曲线的连续性的调整。

图 2-38　　　　　　　　　　　　　　图 2-39

5. 在菜单栏中执行【实体】/【挤出平面曲线】/【直线】命令，选取曲线并创建图 2-40 所示的实体（挤出长度为 10）。

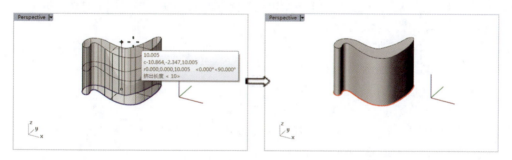

图 2-40

6. 在菜单栏中执行【实体】/【边缘圆角】/【不等距边缘圆角】命令，在挤出实体上创建半径为 0.2 的圆角，如图 2-41 所示。

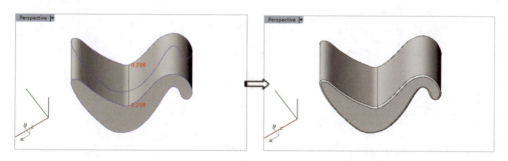

图 2-41

至此，完成了创意沙发曲线的绘制。

2.1.3 绘制圆

圆形是最基本的几何图形之一，也是特殊的封闭曲线。Rhino 中有多种绘制圆的命令，下面分别加以介绍。

在 Rhinoceros 边栏中，长按 ⊙ 按钮会弹出【圆】工具列，如图 2-42 所示。

图 2-42

- 【圆：中心点、半径】⊙：通过确定中心点位置和输入圆半径值的方式绘制圆，如图 2-43（a）所示。
- 【圆：直径】⊘：通过确定圆的直径起点位置和直径终点位置的方式来绘制圆，如图 2-43（b）所示。
- 【圆：三点】⊙：通过确定圆上的任意 3 个点的位置来绘制圆，如图 2-43（c）所示。
- 【圆：环绕曲线】⊙：通过指定一条曲线、圆心（圆心也是曲线上的点）和半径来绘制与曲线（即过圆心点与曲线相切的直线）垂直的圆，如图 2-43（d）所示。
- 【圆：正切、正切、半径】⊙：通过指定要与圆相切的两条曲线和圆半径的方式来绘制圆，如图 2-43（e）所示。
- 【圆：与数条曲线正切】⊙：通过与 3 条曲线都相切的方式来绘制圆，如图 2-43（f）所示。
- 【圆：可塑的】⊙：以指定的阶数与控制点数来绘制圆。图 2-43（g）所示为设定了阶数为 6、控制点数为 8 的圆。
- 【圆：逼近数个点】⊙：绘制逼近所选取的点、曲线 / 曲面控制点或网格顶点的圆，如图 2-43（h）所示。

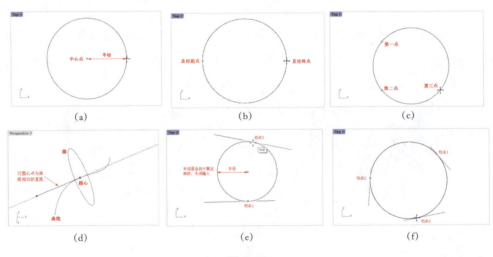

图 2-43

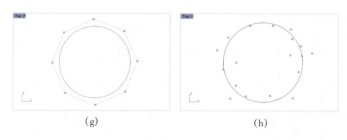

(g)　　　　　　　　　　　　(h)

图 2-43（续）

- 【圆：与工作平面垂直、中心点、半径】：通过确定中心点、半径绘制垂直于工作平面的圆，如图 2-44 所示。

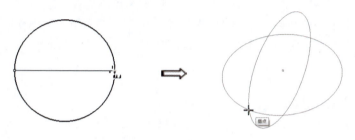

图 2-44

- 【圆：与工作平面垂直、直径】：根据中心点、直径绘制垂直于工作平面的圆。操作方法与【圆：与工作平面垂直、中心点、半径】类似，只是在输入半径值阶段改为输入直径值。

2.1.4　绘制椭圆

椭圆的构成要素为长边、短边、中心点及焦点，因此在 Rhino 中也通过约束这几个要素来完成椭圆的绘制。在曲线绘制边栏中长按 按钮，会弹出绘制椭圆的【椭圆】工具列，如图 2-45 所示。

图 2-45

- 【椭圆：从中心点】：可从中心点绘制椭圆。绘制方法是，首先确定椭圆中心点，接着拖动鼠标确定第二点（也就是长轴端点），然后单击第三点确定短半轴端点，最后按 Enter 键或右击完成绘制，如图 2-46 所示。
- 【椭圆：环绕曲线】：单击此按钮可绘制环绕曲线的椭圆，如图 2-47 所示。

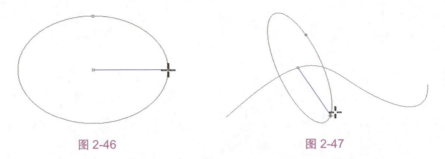

图 2-46　　　　　　　　　　　图 2-47

- 【椭圆：可塑性】⊙：单击此按钮可对椭圆进行可塑性变形。
- 【椭圆：角】▱：单击此按钮可根据矩形框的对角线长度绘制椭圆。
- 【椭圆：直径】⊙：单击此按钮可根据直径绘制椭圆。绘制方法是，在视窗中单击第一点和第二点确定椭圆的第一轴向，然后拖动鼠标在所需的地方单击或者直接在命令行中输入第二轴向的长度，最后按 Enter 键完成绘制，如图 2-48 所示。

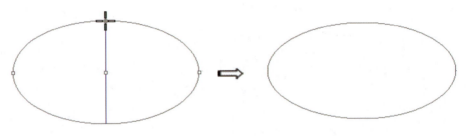

图 2-48

- 【椭圆：从焦点】⊙：单击此按钮可根据两焦点及短半轴长度来绘制椭圆，如图 2-49 所示。

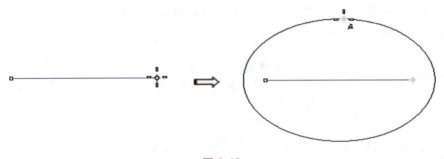

图 2-49

2.1.5 绘制多边形

在 Rhino 中，矩形的绘制与多边形的绘制具有相似的绘制方法，矩形可被看作是一种特殊的多边形，接下来会将多边形的绘制命令进行合并讲解。

在曲线绘制边栏中长按 ⊙ 按钮，会弹出【多边形】工具列，如图 2-50 所示。

【多边形】工具列的前 3 个命令 ⊙ ⊙ ⊙，在默认情况下都是绘制正六边形，但可以通过修改角度和边数来绘制正 N 边形。

图 2-50

- 【多边形：中心点、半径】⊙：单击此按钮可根据中心点到顶点的距离来绘制多边形。
- 【外切多边形：中心点、半径】⊙：单击此按钮可根据中心点到边的距离来绘制多边形。
- 【多边形：边】⊙：单击此按钮可以多边形一条边的长度作为基准来绘制多边形。

【多边形】工具列的第 4～6 个命令 ▢ ▢ ▢ 与前 3 个命令在使用上是相同的，只不过这 3 个命令在默认情况下绘制正方形。如果想要改变它的边数，在命令行中输入所需的边数即可。下面仅介绍【多边形：星形】命令 ✦ 的用法。

- 【多边形：星形】✦：单击此按钮可通过定义 3 个点来绘制星形。首先指定第一点为星形中心点，接着需要输入 2 个半径值来指定第二点（星形凹角顶点）和第三点（星形尖角顶点），然后输入第一个半径值确定星形凹角顶点的位置，输入第二个半径值确定星形尖角顶点的位置，最后按 Enter 键完成绘制，如图 2-51 所示。

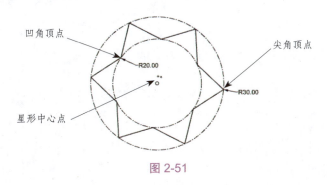

图 2-51

2.2 绘制文字

Rhino 也提供了绘制文字的【文字物件】命令 ▯。文字绘制常用于制作产品 logo，或文字型物体的建模。

在 Rhino 中，文字具有曲线、曲面和实体 3 种形态。用户可根据不同情况选择不同形态进行文字绘制。实际应用中多采用曲线形态，更便于修改。

【例 2-3】绘制文字。

1. 在 Rhinoceros 边栏中单击【文字物件】按钮 T，弹出【文本物件】对话框，如图 2-52 所示。

2. 在【文本物件】对话框的文本框中输入文字内容（如 Rhino），然后在【字体】下拉列表中选择字体样式，如图 2-53 所示，确定是否勾选【建立群组】复选框，即是否建立一个文字模型群组。

图 2-52　　　　　　　　　图 2-53

3. 勾选【雕刻字体】复选框和不勾选【雕刻字体】复选框的效果对比如图 2-54 所示。

勾选【雕刻字体】复选框

不勾选【雕刻字体】复选框

图 2-54

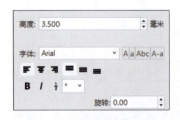

图 2-55

4. 文本高度的单位为毫米（mm），默认值为 3.5 毫米，可根据需要更改。也可为文本选择段落样式，以及加粗、斜体、分数、数学符号、字体旋转等，如图 2-55 所示。

5. 当文本输出为【曲线】或【曲面】时是 2D 模型。当文本输出为【实体】时则是 3D 模型，输出【实体】时还需输入实体厚度。当所有文本选项设定完毕后，单击【确定】按钮关闭【文本物件】对话框。在一个平面视窗中单击以放置文字。文字输出分别为曲线、曲面和实体的最终效果如图2-56所示。

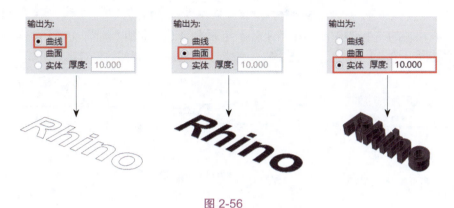

图 2-56

2.3 曲线延伸

利用曲线延伸的相关命令，能够根据实际需求使曲线延伸一定距离或者无限延伸。延伸出的曲线可为直线、曲线、圆弧等多种形式。

在【曲线工具】标签中长按 — 按钮，弹出【延伸】工具列，如图2-57所示。下面分别介绍该工具列中各命令的功能。

图 2-57

2.3.1 延伸曲线与延伸到边界

利用【延伸曲线】命令 — 或【延伸到边界】命令 — ，能对NURBS曲线进行适度延伸或将曲线延伸至与所选曲线相交。

一、【延伸曲线】命令

在视窗中利用【单一直线】命令 或【控制点曲线】命令 绘制一条直线或曲线。在【延伸】工具列中单击【延伸曲线】按钮 — ，命令行中会出现如下提示：

在命令行的提示中，延伸曲线的型式有4种：原本的、直线、圆弧和平滑。默

认的型式为"原本的"，这种型式是对曲线进行常规延伸（不改变曲线形状），若要选择其他型式，须在命令行里键入T，或者单击【型式（T）】选项，随后出现如下选项：

型式 <原本的> (原本的(N) 直线(L) 圆弧(A) 平滑(S)):

在出现的 4 个选项中，【平滑（S）】、【原本的（N）】和【圆弧（A）】的作用效果几乎相同。单击【直线（L）】选项后，直线与样条曲线的延伸效果对比如图 2-58 所示。

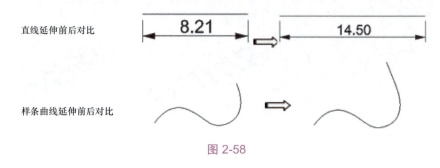

图 2-58

二、【延伸到边界】命令

单击【延伸到边界】按钮，命令行中会出现如下提示：

选取边界物件或输入延伸长度，按 Enter 使用动态延伸（型式(T)=原本的 组合(J)=合并）:

在视窗中选取边界物件并按 Enter 键确认，再选取要延伸的直线或曲线，系统会自动将其延伸至边界物体。若在命令行中输入延伸长度值，将会按照长度值进行延伸。若按 Enter 键，将切换为【延伸曲线】命令的命令行操作模式。

在命令行的提示中单击【组合（J）=合并】选项，延伸部分的曲线将与原曲线合并成整体。

【例 2-4】创建延伸曲线。

1. 打开本例源文件"2-1.3dm"，如图 2-59 所示。
2. 在【延伸】工具列中单击【延伸曲线】按钮，选取左侧竖直线为边界物体，按 Enter 键确认，如图 2-60 所示。

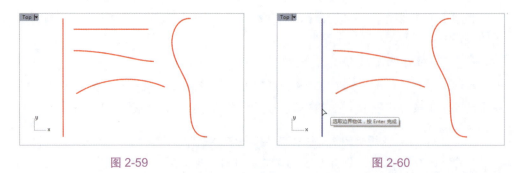

图 2-59　　　　　　　　　　　　图 2-60

3. 依次选取中间的 3 条曲线为要延伸的曲线，如图 2-61 所示。
4. 最后右击完成曲线的延伸，如图 2-62 所示。

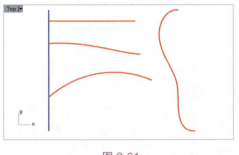
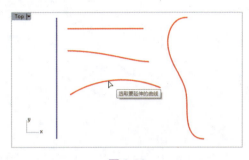

图 2-61　　　　　　　　　　　　　　图 2-62

5. 重新执行【延伸曲线】命令━━，在命令行单击【直线（L）】选项，然后选取右侧的自由曲线为边界物体，并按 Enter 键确认，如图 2-63 所示。

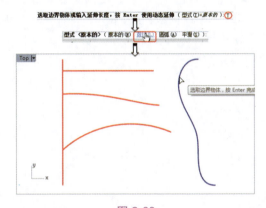

图 2-63

6. 选择中间的直线作为要延伸的曲线，随后自动完成延伸，如图 2-64 所示。

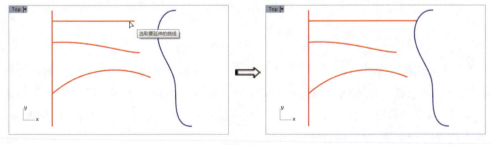

图 2-64

7. 同理，余下两条曲线（样条曲线和圆弧曲线）分别采用【平滑（S）】和【圆弧（A）】型式进行延伸，结果如图 2-65 和图 2-66 所示。

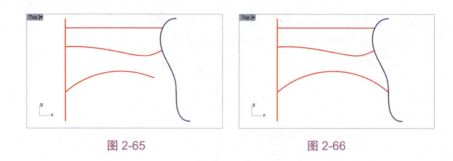

图 2-65　　　　　　　　　　　　　图 2-66

2.3.2　曲线连接

利用【连接】命令 可将两条不相交的曲线以直线的方式连接。

【例 2-5】创建曲线连接。

1. 新建 Rhino 文件。
2. 在 Top 视窗中利用【单一直线】命令 绘制两条不相交直线，如图 2-67 所示。
3. 在【延伸】工具列中单击【连接】按钮 ，依次选取要延伸连接的两条直线，两条不相交的直线即自动连接，如图 2-68 所示。

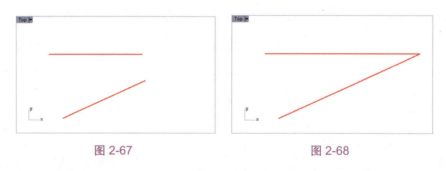

图 2-67　　　　　　　　　　　　　图 2-68

> **提示：** 两条弯曲的曲线同样能够进行相互连接，但要注意的是两条曲线之间的连接部分是直线，不能够形成有弧度的曲线。

2.3.3　延伸曲线（平滑）

【延伸曲线（平滑）】命令 的操作方法与【延伸曲线】命令 相同，其延伸类型同样包括直线、原本的、圆弧和平滑 4 种，功能也类似。不同的是，在进行曲线的延伸时，【延伸曲线（平滑）】命令 能够随着拖动鼠标指针延伸出平滑的曲线，而【延伸曲线】命令 只能延伸出直线。

【例 2-6】创建延伸曲线（平滑）。

1. 新建 Rhino 文件。
2. 在 Top 视窗中运用【单一直线】命令 绘制直线，如图 2-69 所示。

3. 在【延伸】工具列中单击【延伸曲线（平滑）】按钮，选取该直线并拖动鼠标，单击确认延伸终点或在命令行中输入延伸长度，按 Enter 键或右击，完成操作，如图 2-70 所示。

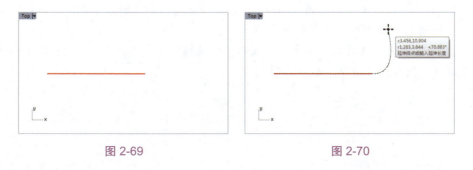

图 2-69 图 2-70

> 提示：在使用【延伸曲线（平滑）】命令时，无法对直线进行圆弧延伸。

2.3.4 以直线延伸

利用【以直线延伸】命令只能延伸出直线，无法延伸出平滑曲线。【以直线延伸】命令的操作方法与【延伸曲线】命令相同，其延伸类型同样包括直线、原本的、圆弧和平滑 4 种，功能也类似。

【例 2-7】创建"以直线延伸"的曲线。

1. 新建 Rhino 文件。
2. 在曲线绘制边栏中单击【圆弧：起点、终点、通过点】按钮，然后在 Top 视窗中绘制圆弧，如图 2-71 所示。
3. 在【延伸】工具列中单击【以直线延伸】按钮，选取要延伸的曲线，拖动鼠标单击确认延伸终点，按 Enter 键或右击，完成操作，如图 2-72 所示。

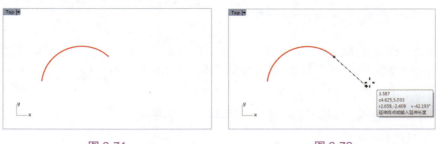

图 2-71 图 2-72

2.3.5 以圆弧延伸至指定点

利用【以圆弧延伸至指定点】命令能够使曲线延伸到指定点的位置。下面用实例来说明操作方法。

【例 2-8】 创建"以圆弧延伸至指定点"的曲线。

1. 新建 Rhino 文件。

2. 在 Top 视窗中分别利用 Rhinoceros 边栏中的【控制点曲线】命令和【单点】命令。绘制 B 样条曲线和点，如图 2-73 所示。

3. 在【延伸】工具列中单击【以圆弧延伸至指定点】按钮，依次选取 B 样条曲线、点，即可完成操作，如图 2-74 所示。

图 2-73　　　　　　　　　　　　　　图 2-74

> **提示：** 这里要注意的是，此命令在进行延伸端选择时，会选择更靠近鼠标单击位置的端点。

如果未指定固定点，也可设置曲率半径，作为曲线延伸依据。

单击【以圆弧延伸至指定点】按钮，选取要延伸的曲线，拖动鼠标，会在端点处出现不同曲率的圆弧。在所需位置按 Enter 键或右击，命令行中会出现提示：

延伸终点或输入延伸长度 《21.601》(中心点(C) 至点(T))：

此时，输入长度值或者在拉出的直线上单击所需位置即可。右击可再次调用该命令，反复使用后可以在原曲线端点处延伸出不同形状大小的圆弧，如图 2-75 所示。

图 2-75

2.3.6　以圆弧延伸（保留半径）

利用【以圆弧延伸（保留半径）】命令，在圆弧曲线的端点位置以相同的圆弧半径进行曲线延伸。延伸时，只需输入延伸长度值或指定延伸终点即可。其效果与【以圆弧延伸至指定点】命令相同。

【例 2-9】 创建"以圆弧延伸（保留半径）"的曲线。

1. 新建 Rhino 文件。

2. 在 Rhinoceros 边栏中单击【圆弧：起点、终点、半径】按钮，然后在 Top 视窗中绘制圆弧曲线，如图 2-76 所示。

3. 在【延伸】工具列中单击【以圆弧延伸（保留半径）】按钮，选取圆弧为要延伸的曲线，然后拖动鼠标确定延伸终点，右击完成圆弧曲线的延伸，如图 2-77 所示。

2.3 曲线延伸

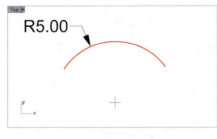

图 2-76

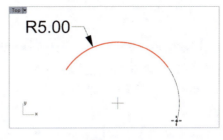

图 2-77

2.3.7 以圆弧延伸（指定中心点）

【以圆弧延伸（指定中心点）】命令是以指定圆弧中心点与终点的方式对曲线进行圆弧延伸。其操作方法和前面的命令相似，选定延伸曲线后，拖动鼠标，在拉出的直线上单击，从而确定圆弧延伸的圆心点。

【例 2-10】创建"以圆弧延伸（指定中心点）"的曲线。

1. 新建 Rhino 文件。
2. 在曲线绘制边栏中单击【控制点曲线】按钮，然后在 Top 视窗中绘制 B 样条曲线，如图 2-78 所示。
3. 在【延伸】工具列中单击【以圆弧延伸（指定中心点）】按钮，选取圆弧为要延伸的曲线，然后拖动鼠标确定圆弧延伸的圆心点，如图 2-79 所示。

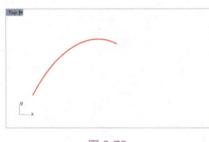

图 2-78

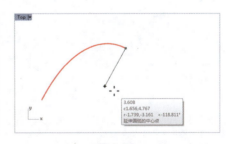

图 2-79

4. 拖动鼠标确定圆弧的终点，右击完成圆弧曲线的延伸，如图 2-80 所示。

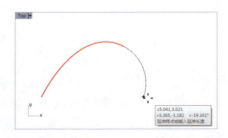

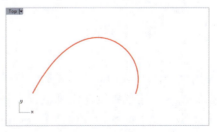

图 2-80

2.3.8 延伸曲面上的曲线

利用【延伸曲面上的曲线】命令 可将曲面上的曲线延伸至曲面的边缘。

【例 2-11】延伸曲面上的曲线。

1. 打开本例源文件"2-2.3dm",在打开的文件中,已知曲面上有一条曲线,如图 2-81 所示。

2. 在【延伸】工具列中单击【延伸曲面上的曲线】按钮 ,然后按命令行的提示,先选取要延伸的曲线,如图 2-82 所示。

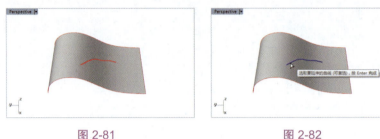

图 2-81　　　　　　　　　　　图 2-82

3. 再选取曲线所在的曲面,按 Enter 键或右击完成操作,曲线将延伸至曲面的边缘,如图 2-83 所示。

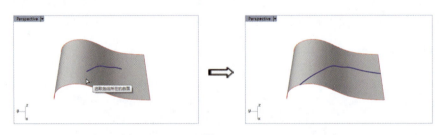

图 2-83

> **提示**:虽然各个曲线延伸命令类似,但每个延伸命令都有各自的"专攻方向",使用时要根据具体情况选择最适合的命令,避免出错。

2.4 曲线偏移

曲线偏移命令是 Rhino 中最常用的编辑命令之一,功能是在一条曲线的一侧产生一条新曲线,这条曲线在每个位置都和原来的曲线保持相同的距离。曲线偏移命令在【曲线工具】标签中,包括【偏移曲线】命令 、【往曲面法线方向偏移曲线】命令 和【偏移曲面上的曲线】命令 。

2.4.1 偏移曲线

利用【偏移曲线】命令可将曲线偏移到指定距离，并保留原曲线。

在 Top 视窗中绘制一条曲线，单击【偏移曲线】按钮，选取要偏移复制的曲线，确认偏移距离和方向后单击即可。

有以下两种方法可以确定偏移距离。

（1）在命令行中输入偏移距离的数值。

（2）输入"T"，这时能立刻看到偏移后的线，拖动鼠标，偏移线也会发生变化，在所需位置单击确认偏移距离即可完成偏移。

> **提示：** 偏移复制命令具有记忆功能，下一次执行该命令时，如果不进行偏移距离设置，系统会自动采用最近一次的偏移操作所使用的距离，用这个方法可以快速绘制多条等距离的偏移线，如图 2-84 所示。

【例 2-12】绘制零件外形轮廓。

利用圆、圆弧、偏移曲线及修剪命令绘制图 2-85 所示的零件图形。

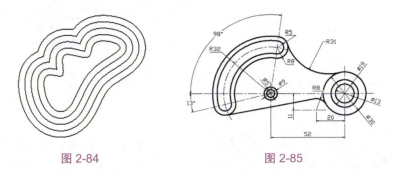

图 2-84　　　　　　　　图 2-85

1. 新建 Rhino 文件。隐藏格线并设置总格数为 5，如图 2-86 所示。
2. 在曲线绘制边栏中单击【圆：直径】按钮，在 Top 视窗的坐标轴中心绘制直径为 13 的圆，如图 2-87 所示。

图 2-86

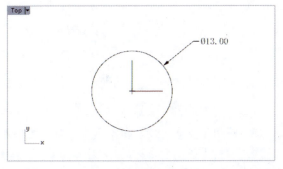

图 2-87

3. 同理，再绘制同心圆，直径分别为 19 和 30，如图 2-88 所示。

4. 利用【单一直线】命令 ，在同心圆位置绘制基准线，如图 2-89 所示。

5. 选中基准线，然后在【出图】标签中单击【设置线型】按钮 ，修改直线线型为 DashDot（点划线），如图 2-90 所示。

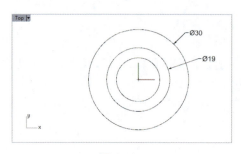

图 2-88

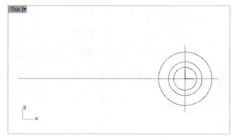

图 2-89

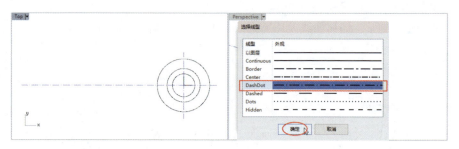

图 2-90

6. 再执行【圆：中心点、半径】命令 ，在命令行中输入圆心的坐标"-52,0,0"，右击确认后，再输入直径 5，右击完成绘制，如图 2-91 所示。

7. 同理，再绘制同心圆，圆的直径为 9，如图 2-92 所示。

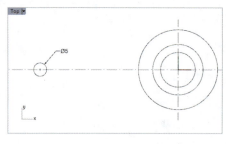

图 2-91

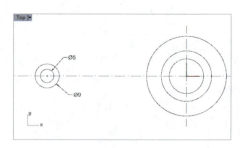

图 2-92

8. 利用【直线：指定角度】命令 ，绘制两条如图 2-93 所示的基准线。

9. 利用【圆：中心点、半径】命令 ，绘制直径为 64 的圆。然后利用 Rhinoceros 边栏中的【修剪】命令 修剪圆，得到圆弧，如图 2-94 所示。

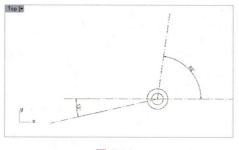
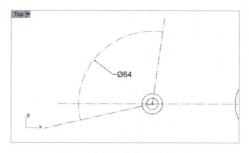

图 2-93　　　　　　　　　　　　　图 2-94

10. 在【曲线工具】标签中单击【偏移曲线】按钮，选取要偏移的曲线（圆弧基准线），右击确认后在命令行中设置【距离（D）】选项的值为 5，然后在命令行中单击【两侧（B）】选项，在 Top 视窗中绘制图 2-95 所示的偏移曲线。

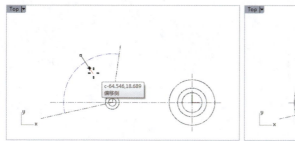
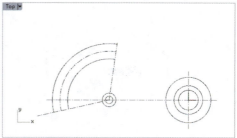

图 2-95

11. 同理，再绘制偏移距离为 8 的偏移曲线，如图 2-96 所示。
12. 利用【圆：直径】命令，绘制 4 个圆，如图 2-97 所示。

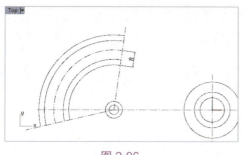
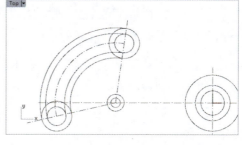

图 2-96　　　　　　　　　　　　　图 2-97

13. 利用【圆弧：正切、正切、半径】命令，绘制图 2-98 所示的相切圆弧。
14. 利用【圆：中心点、半径】命令，绘制圆心坐标为（-20,-11,0）的圆，圆上一点与大圆相切，如图 2-99 所示。

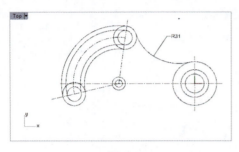

图 2-98

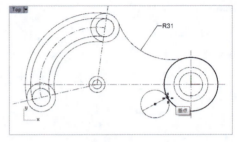

图 2-99

15. 利用【直线：与两条曲线正切】命令，绘制图 2-100 所示的公切直线。

16. 最后利用【修剪】命令，修剪轮廓曲线，得到最终的零件外形轮廓，如图 2-101 所示。

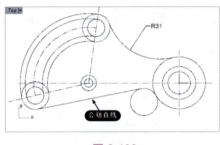

图 2-100

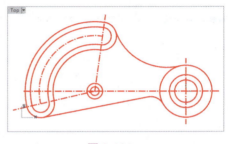

图 2-101

2.4.2 往曲面法线方向偏移曲线

【往曲面法线方向偏移曲线】命令主要用于对曲面上的曲线进行偏移，曲线偏移方向为曲面的法线方向，并且可以通过多个点控制偏移曲线的形状。

【例 2-13】往曲面法线方向偏移曲线。

1. 在 Top 视窗中用【内插点曲线】命令绘制一条曲线，如图 2-102 所示。转换到 Front 视窗，再利用【偏移曲线】命令将这条曲线偏移复制一次（偏移距离为 15），如图 2-103 所示。

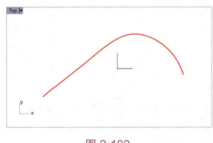

图 2-102

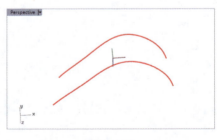

图 2-103

2. 转换到 Perspective 视窗，在曲面边栏中单击【放样】按钮，依次选取这两条曲线，放样出一个曲面（曲面相关内容后面会详细介绍，这里只需按照提示操作即可），如图 2-104 所示。

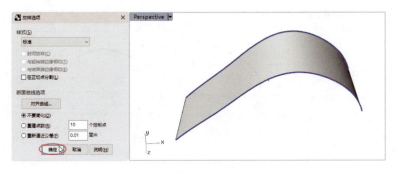

图 2-104

3. 在菜单栏中执行【曲线】/【自由造型】/【在曲面上描绘】命令，在曲面上绘制一条曲线，如图 2-105 所示。

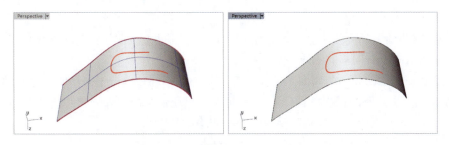

图 2-105

4. 在【曲线工具】标签中单击【往曲面法线方向偏移曲线】按钮，依次选取曲面上的曲线和基底曲面；根据命令行提示，在曲线上选择一个基准点，拖动鼠标，将会拉出一条直线，该直线为曲面在基准点处的法线；最后在所需高度位置单击。

5. 此时如果不希望改变曲线形状，可按 Enter 键或右击，完成偏移操作，如图 2-106 所示。

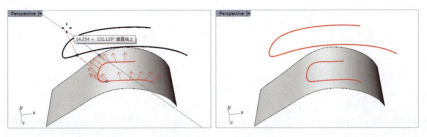

图 2-106

> **提示**：如果希望改变曲线形状，可在原曲线上继续选择点，确定高度，如此重复多次，最后按 Enter 键或右击，完成偏移操作，如图 2-107 所示。

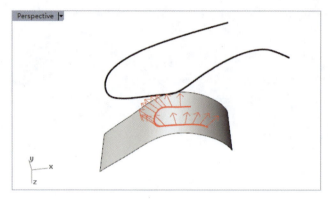

图 2-107

2.4.3 偏移曲面上的曲线

【偏移曲面上的曲线】命令 通常用于在一个曲面上生成一条与原曲线平行或沿着曲面的法向方向偏移的曲线。

绘制一个曲面和一条曲面上的线，方法和上例相同。单击【偏移曲面上的曲线】按钮 ，依次选取曲面上的曲线和基底曲面，在命令行中输入偏移距离并选择偏移方向。按 Enter 键或右击，完成偏移操作，如图 2-108 所示。

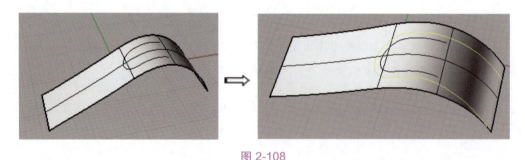

图 2-108

2.5 混接曲线

混接曲线命令可在两条曲线之间建立平滑过渡的曲线。该曲线与混接前的两条曲线分别独立，如需结合成一条曲线，则需使用【组合】命令 。

2.5.1 可调式混接曲线

利用【可调式混接曲线】命令 可在两条曲线或曲面边缘建立可以动态调整的混接曲线。

在 Top 视窗中绘制两条曲线。在【曲线工具】标签中单击【可调式混接曲线】按钮 ，依次选取要混接曲线的混接端点后，会弹出【调整曲线混接】对话框，在其中可以预览并调整混接曲线。调整完毕后，单击对话框中的【确定】按钮完成操作，如图 2-109 所示。

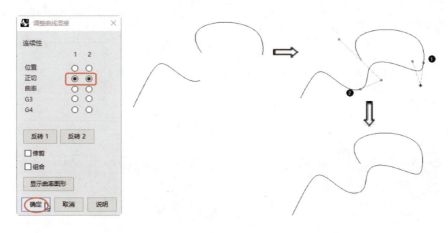

图 2-109

【例 2-14】创建可调式混接曲线。

1. 打开本例源文件"2-3.3dm"，如图 2-110 所示。

2. 在【曲线工具】标签中单击【可调式混接曲线】按钮 ，然后选择图 2-111 所示曲面边缘（编号分别为 ❶ 和 ❷）作为要混接的边缘，在【调整曲线混接】对话框中设置连续性均为【正切】。

图 2-110

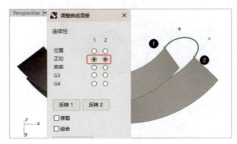

图 2-111

3. 在 Perspecive 视窗中选取控制点，然后拖动并改变混接曲线的延伸长度，如图 2-112 所示。

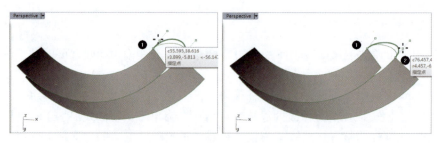

图 2-112

4. 单击【调整曲线混接】对话框中的【确定】按钮完成混接曲线的创建。同理，在另一侧也创建混接曲线，如图 2-113 所示。

5. 按 Enter 键重复执行【可调式混接曲线】命令 ，在命令行中单击【边缘】选项，然后在视窗中选取曲面边缘，如图 2-114 所示。

图 2-113

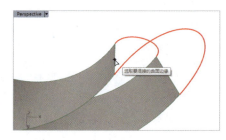

图 2-114

6. 再选取另一曲面上的曲面边缘，然后弹出【调整曲线混接】对话框，并显示预览，如图 2-115 所示。设置连续性为【曲率】，单击【确定】按钮完成混接曲线的创建。

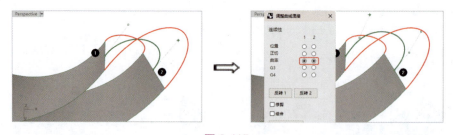

图 2-115

2.5.2 弧形混接曲线

利用【弧形混接】命令 可以创建由两个相切且连续的圆弧组成的混接曲线。

在【曲线工具】标签中单击【弧形混接】按钮 ，在视窗中选取第一条曲线的端点和第二条曲线的端点，命令行中显示如下提示：

选取要调整的弧形混接点，按 Enter 完成（半径差异值(R) 修剪(T)=否）：

同时生成弧形混接曲线预览，如图 2-116 所示（两参考曲线为异向相对）。

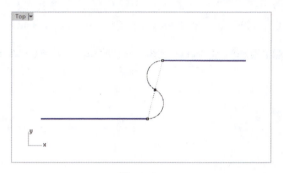

图 2-116

- 【半径差异值（R）】：建立 S 形混接圆弧时可以设定两个圆弧的半径差异值。当半径差异值为正数时，先选取的曲线端的圆弧（编号 ❶）半径会大于后选取的圆弧（编号 ❷）；当半径差异值为负数时，则后选取的圆弧半径（编号 ❷）较大，如图 2-117 所示。

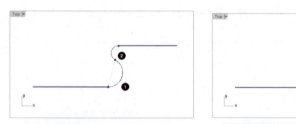

图 2-117

> 提示：除了输入差异值来更改圆弧大小，还可以将鼠标指针放置在控制点上拖动进行改变，如图 2-118 所示。

图 2-118

- 【修剪（T）】：当拖动混接曲线端点到参考曲线任意位置时，会产生多余曲线，此时可以设置修剪为【是】或者【否】，【是】表示修剪，【否】表示不修剪，如图 2-119 所示。此外，在命令行中还增加了【组合（J）=否】选项。若设为【否】，则混接曲线与参考曲线不组合，反之则组合成整体。

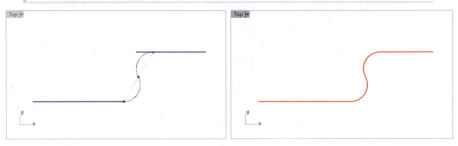

图 2-119

当两条参考曲线的位置状态产生图 2-120 所示的同向变化时，弧形混接曲线也会发生变化：在命令行中增加了与先前不同的选项——【其他解法（A）】选项。

图 2-120

单击【其他解法（A）】选项，可以反转一个或两个圆弧的方向，从而建立不同的弧形混接曲线，如图 2-121 所示。

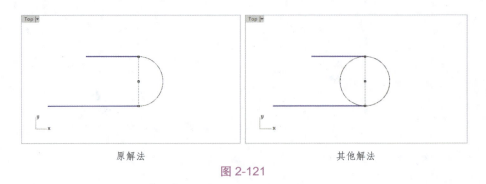

原解法　　　　　　　　　　　　　其他解法

图 2-121

2.5.3 衔接曲线

在 NURBS 曲面建模过程中，【衔接曲线】命令 的功能非常重要。利用该命令可以改变一条曲线或者同时改变两条曲线末端控制点的位置，从而使这两条曲线能保持 G0、G1、G2 的连续性。

【例 2-15】曲线匹配。

1. 新建 Rhino 文件。
2. 在 Top 视窗中绘制两条曲线，如图 2-122 所示。
3. 在【曲线工具】标签中单击【衔接曲线】按钮 ，依次选择要衔接的两条曲线，如图 2-123 所示。弹出【衔接曲线】对话框，如图 2-124 所示。

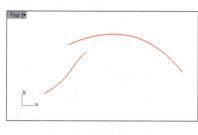 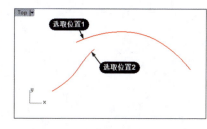 

图 2-122　　　　　　　　图 2-123　　　　　　　　图 2-124

在对话框中选择曲线的连续性和匹配方式。各选项功能如下。

- 【连续性】选项区：用于设置衔接曲线的连续性。包括位置、相切和曲率 3 种基本连续性。①位置：也称"G0 连续"，即曲线保持原有形状和位置；②相切：也称"G1 连续"，即两条曲线的连接处呈相切状态，从而产生平滑的过渡；③曲率：也称"G2 连续"，即让曲线更加平滑地连接起来，对曲线形状影响最大。

> **提示**：一个曲线或曲面可以被描述为具有 G_n 连续性，n 是表示光滑度的增量，即在曲线上选取一点，然后分析该点与其两侧线段的关系。常见的曲线连续性包括 G0 连续、G1 连续、G2 连续、G3 连续和 G4 连续。

- 【维持另一端】选项区：选择该选项区中的选项是为了避免曲线衔接后破坏了另一端与其他曲线之间的连续性。其中，【无】选项表示衔接曲线的另一端不产生连续性（有可能会断开）。
- 与边缘垂直：使曲线衔接后与曲面边缘垂直。
- 互相衔接：衔接的两条曲线都会被调整。
- 组合：衔接完成后组合曲线。
- 合并：此选项仅在选择【曲率】连续性选项时才可以使用。两条曲线在衔接后会合并成单一曲线。如果移动合并后的曲线的控制点，原来的两条曲线衔接处可以平滑地变形，而且这条曲线无法再炸开成为两条曲线。

4. 在【连续性】选项区设置【曲率】连续，在【维持另一端】选项区设置【曲率】连续，最后单击【确定】按钮完成曲线匹配，如图 2-125 所示。

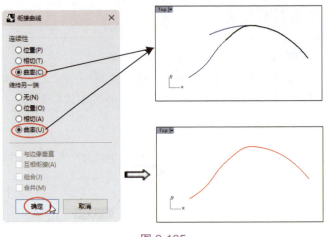

图 2-125

> **提示：** 在选取曲线端点时，注意鼠标单击位置分别为两条曲线的起点。该命令会认为是第一条曲线终点连接第二条曲线起点，因此一定要注意单击位置。选择曲线的先后顺序也会对匹配曲线产生影响。

【衔接曲线】命令不但可以衔接两条曲线，还可以衔接曲线和曲面的边缘，并使曲线和曲面的边缘保持 G1 或 G2 连续。

单击【衔接曲线】按钮，先选取一条要进行衔接的曲线，命令行会出现如下提示：

选取要衔接的开放曲线 - 点选靠近要衔接一端的端点处（曲面边缘(S) 匹配到(M)=曲线端点）：

在命令行中单击【曲面边缘（S）】选项，再选取曲面的边缘作为另一衔接对象，会弹出【衔接曲线】对话框，设置曲线的连续性之后，可使曲线与曲面的边缘保持 G1 或 G2 连续。

若在命令行中单击【匹配到（M）】选项，可在另一衔接对象上（可以是曲线也可是曲面的边缘）的任意位置单击，将从这个单击的位置创建衔接曲线。

2.6 曲线修剪

曲线修剪命令可以去掉两条相交的曲线的多余部分，修剪后的曲线可以通过【组合】命令 组合成一条完整的曲线。

2.6.1 修剪与切割曲线

两条相交曲线，以其中一条曲线为剪切边界，对另一条曲线进行剪切操作。

1. 在 Top 视窗中绘制一个矩形和一个圆形，作为要操作的对象，如图 2-126 所示。
2. 单击 Rhinoceros 边栏中的【修剪】按钮 。
3. 首先选择作为修剪工具的对象。
4. 按 Enter 键确认后，再选择待修剪对象。
5. 按 Enter 键完成曲线修剪，如图 2-127 所示。

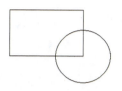

图 2-126

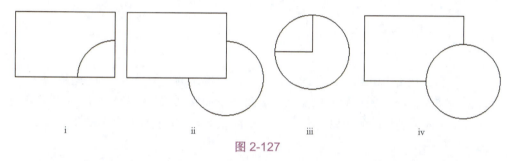

i   ii   iii   iv

图 2-127

6. 修剪的顺序和鼠标单击的位置很重要，可以调换曲线选择顺序，改变鼠标单击位置，多练习几次，对比效果。
7. 切割命令同样可以达到修剪曲线的效果，操作方法也与修剪曲线相同，在这里不重复图示。二者的区别仅在于，切割命令只能将曲线分割成若干段，需要手动将多余的部分删除；而修剪曲线是自动完成的。但切割曲线给予使用者更大的自由度和更多的选择。

2.6.2 曲线的布尔运算

利用曲线的布尔运算命令能够修剪、分割、组合有重叠区域的曲线。

1. 在视窗中绘制两条以上的曲线。
2. 在【曲线工具】标签中单击【曲线布尔运算】按钮 。
3. 选择要进行布尔运算的曲线，按 Enter 键或右击确认。
4. 然后选择想要保留的区域内部（再一次选择已选区域可以取消选取），被选取的区域会醒目提示。
5. 按 Enter 键或右击确认操作，该命令会沿着被选取的区域外围建立一条平滑的多重曲线，如图 2-128 所示。

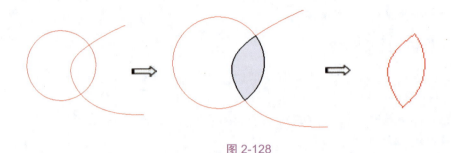

图 2-128

> **提示**:曲线布尔运算命令形成的曲线独立存在,不会改变或删除原曲线,适用于根据特定环境建立新曲线。

2.7 曲线倒角

对于两条在端点处相交的曲线,可利用曲线倒角的相关命令在其交汇处进行倒角。但需注意,曲线倒角命令仅能用于编辑两条曲线之间的部分,无法应用于单条曲线。用于曲线倒角的命令包括【曲线圆角】、【曲线斜角】和【全部圆角】。

2.7.1 曲线圆角

【曲线圆角】命令┐是在两条曲线之间产生和两条曲线都相切的一段圆弧。
1. 在 Top 视窗中绘制两条端点处对齐的直线。
2. 单击【曲线工具】标签中的【曲线圆角】按钮┐。
3. 在命令行中输入需要倒角的半径值(若此处未输入,软件默认值为"1")。
4. 依次选择要倒圆角的两条曲线,按 Enter 键或右击,完成操作,如图 2-129 所示。

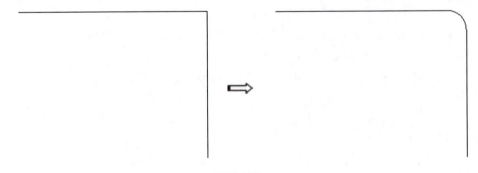

图 2-129

单击【曲线圆角】按钮后，命令行里会有如下提示：

选取要建立圆角的第一条曲线（半径(R)=10 组合(J)=否 修剪(T)=否 圆弧延伸方式(E)=圆弧）：

命令行中的选项介绍如下。

- 【半径（R）】：即控制倒圆角的圆弧半径。如果需要更改，只需键入"R"，根据提示输入即可。
- 【组合（J）】：即倒圆角后，新建立的圆角曲线与原被倒角两条曲线组合成一条曲线。在选择曲线前，键入"J"，组合选项即变为【是】，然后选择曲线即可。当半径值设为 0 时，功能等同于 Rhinoceros 边栏中的【组合】命令。
- 【修剪（T）】：默认选项为【是】，即倒角后自动将曲线多余部分修剪掉。如果不需修剪，则键入"T"，修剪选项即变为【否】，则倒角后保留原曲线部分，如图 2-130 所示。
- 【圆弧延伸方式（E）】：由于 Rhino 可以对曲线进行自动延伸以适应倒角，因此这里提供了【圆弧】和【直线】两种延伸方式，键入"E"即可切换。

图 2-130

> 提示：倒圆角产生的圆弧和两侧的线是相切状态，因此，对于不在同一平面的两条曲线，一般来说无法倒圆角。

2.7.2 曲线斜角

【曲线斜角】命令与【曲线圆角】命令不同的是，利用【曲线圆角】命令倒出的角是圆弧曲线，而利用【曲线斜角】命令倒出的角是线段。

1. 在 Top 视窗中绘制两条端点处对齐的直线。
2. 单击【曲线工具】标签中的【曲线斜角】按钮。
3. 在命令行中先后输入斜角距离（如此处未输入，软件默认值为"1"）。
4. 依次选择要倒斜角的两条曲线，按 Enter 键或右击，完成操作，如图 2-131 所示。

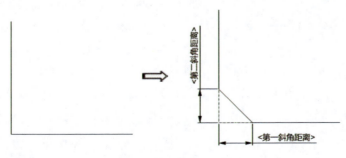

图 2-131

单击【曲线斜角】按钮后，命令行里会有如下提示：

选取要建立斜角的第一条曲线（距离(D)=5,5 组合(J)=否 修剪(T)=是 圆弧延伸方式(E)=圆弧)：

命令行中的选项介绍如下。

- 【距离（D）】：即倒斜角点距离曲线端点的距离，默认值为1。如果需要更改第一斜角或第二斜角的距离值，单击【距离（D）】选项即可设置新值。当第一斜角或第二斜角的值相等时，倒出来的斜角为45°。
- 【组合（J）】：即倒斜角后，新建立的圆角曲线与原被倒角两条曲线组合成一条曲线。在选择曲线前，键入"J"，组合选项即变为【是】，然后再选择曲线即可。当半径值设为0时，功能等同于 Rhinoceros 边栏中的【组合】命令。
- 【修剪（T）】：默认修剪方式为【是】，即倒角后自动将曲线多余部分修剪掉。如果不需修剪，则键入"T"，修剪方式将变为【否】，则倒角后保留原曲线部分。功能同【曲线圆角】中的修剪命令。
- 【圆弧延伸方式（E）】：曲线斜角提供了【圆弧】和【直线】两种圆弧延伸方式，键入"E"可切换延伸方式。

2.7.3 全部圆角

【全部圆角】命令以单一半径在多重曲线或多重直线的每一个夹角处进行倒圆角。

1. 在 Top 视窗中，利用【多段线】命令绘制一条多重直线。
2. 在【曲线工具】标签中单击【全部圆角】按钮，选择多重直线。
3. 在命令行中输入倒圆角的半径值，按 Enter 键或右击完成操作，如图 2-132 所示。

图 2-132

第 3 章 曲面造型设计

在工业设计领域，曲面造型已成为表达创意与实现功能的核心手段。无论是产品设计、建筑设计，还是珠宝设计、汽车设计，曲面的流畅性与复杂性都直接决定了作品的视觉效果与实用性。本章将深入探讨 Rhino 8.0 的曲面造型功能，从基础曲面的创建到复杂曲面的构建与优化，逐步揭示如何利用 Rhino 8.0 进行精准、高效的曲面造型设计。

3.1 挤出曲面

在 Rhino 中，曲面的创建方法有挤出、旋转、放样和扫掠 4 种常见类型。通过沿一条路径扫描截面曲线而得到曲面的操作称作"挤出"。因此，挤出曲面至少具备两个必要条件：截面和路径。

在曲面边栏中长按【直线挤出】按钮，弹出【挤出】工具列，如图 3-1 所示。下面介绍【挤出】工具列中的 6 个挤出曲面命令。

图 3-1

3.1.1 直线挤出

利用【直线挤出】命令 可将曲线往与工作平面垂直的方向笔直地挤出而创建曲面或实体。要创建直线挤出曲面或实体，必须先绘制截面曲线。此截面曲线就是"要挤出的曲线"。下面以示例说明【直线挤出】命令 在建模过程中的实际应用。

> **提示**：实体边栏中的【直线挤出】命令 与曲面边栏中的【挤出封闭的平面曲线】命令 功能是完全相同的，只是命令名称不同而已。

【例 3-1】创建"直线挤出"的模型。

本例主要利用【直线挤出】命令 创建零件模型，图 3-2 所示为零件模型的尺寸图。

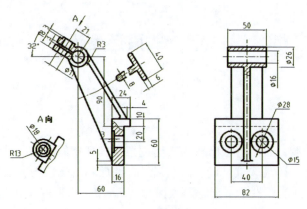

图 3-2

1. 用 Rhino 打开本例素材源文件"零件尺寸图 .dwg",如图 3-3 所示。

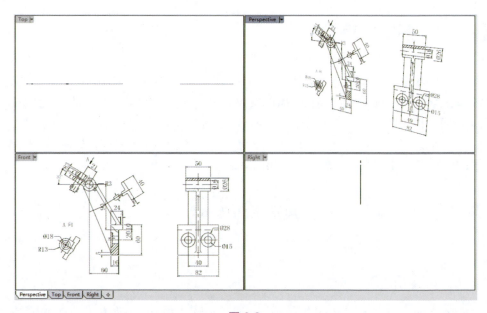

图 3-3

> **提示**:先以图 3-2 左图中的轮廓作为截面曲线进行挤出,图 3-2 右图是挤出长度的参考尺寸图。从图 3-2 右图可以看出,零件是左右对称的,所以在挤出时会设置"两侧"同时挤出。

2. 单击【直线挤出】按钮 ![icon],在 Front 视窗中选取要挤出的截面曲线,如图 3-4 所示。

> **提示**:为了选取截面曲线方便,暂时将"0"图层和"dim"图层关闭,如图 3-5 所示。

3.1 挤出曲面

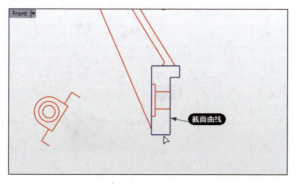

图 3-4

图 3-5

3. 右击确认后，在命令行中设置【两侧（B）】选项为【否】，设置【实体（S）】选项为【是】，并输入挤出长度值为41（参考尺寸图），右击完成挤出曲面❶（实体）的创建，如图 3-6 所示。

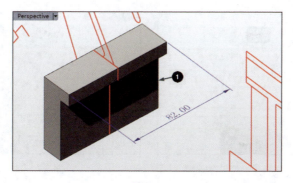

图 3-6

4. 在挤出其他几处截面曲线时，需要对曲线做封闭处理。首先利用【曲线工具】标签中的【延伸曲线】命令，延伸图 3-7 所示的曲线。

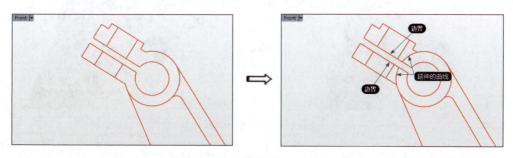

图 3-7

5. 延伸后利用【修剪】命令进行修剪，结果如图 3-8 所示。
6. 按 Ctrl+C 组合键和 Ctrl+V 组合键复制图 3-9 所示的曲线。

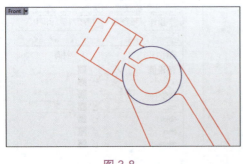

图 3-8

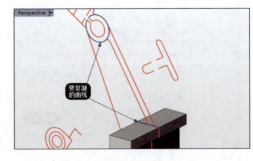

图 3-9

7. 将复制的曲线利用中间的曲线进行修剪，形成封闭的曲线，便于后面进行挤出操作，结果如图 3-10 所示。

8. 利用【直线挤出】命令 ，将图 3-11 所示的封闭曲线挤出，创建长度为 20、两侧挤出的挤出曲面 ❷（实体）。

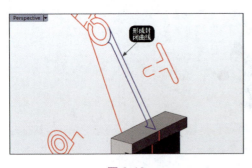

图 3-10

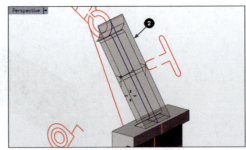

图 3-11

9. 同理，再挤出图 3-12 所示的截面曲线为挤出曲面 ❸，挤出长度为 25。

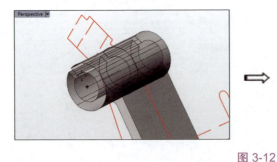 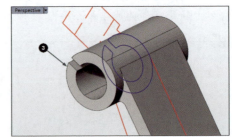

图 3-12

10. 利用【可见性】标签中的【隐藏物件】命令 将前面 3 个挤出曲面暂时隐藏。在 Front 视窗中清理余下的曲线，即利用【修剪】命令 修剪多余的曲线，再利用【单一直线】命令 修补先前修剪掉的部分曲线，形成封闭曲线，结果如图 3-13 所示。

11. 利用【直线挤出】命令，将上一步中整理的封闭曲线创建两侧挤出、挤出长度为 4 的挤出曲面 ❹，如图 3-14 所示。

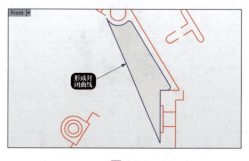
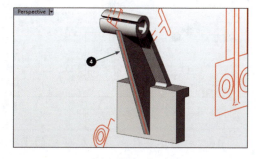

图 3-13　　　　　　　　　　　　　　　图 3-14

12. 在 Right 视窗中重新设置视图为 Left，如图 3-15 所示。

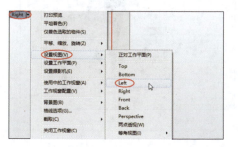

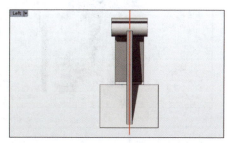

图 3-15

13. 在 Front 视窗中利用【变动】标签中的【3D 旋转】命令（右击按钮），将图 3-16 所示的图形旋转 90°，如图 3-16 所示。

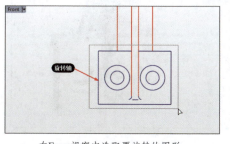
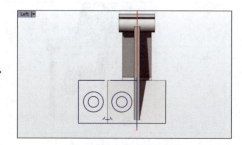

在Front视窗中选取要旋转的图形　　　　　　在Left视窗中查看旋转效果

图 3-16

14. 在 Left 视窗中利用【移动】命令，将 3D 旋转后的图形移动到挤出曲面 ❶ 上，与挤出曲面 ❶ 的边缘重合，如图 3-17 所示。

15. 利用【直线挤出】命令，创建图 3-18 所示的挤出曲面 ❺，长度超出参考用的挤出封闭曲面 ❶。

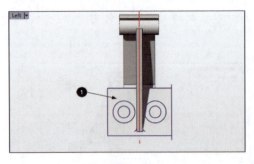 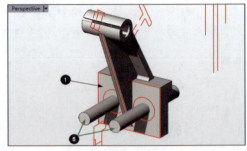

图 3-17　　　　　　　　　　　图 3-18

16. 利用【实体工具】标签中的【布尔运算差集】命令 ，从挤出曲面 ❶ 中减除挤出曲面 ❺，如图 3-19 所示。

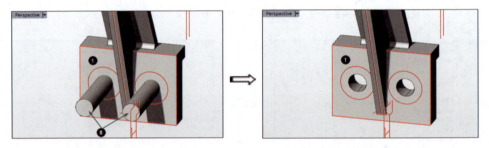

图 3-19

17. 同理，再利用【直线挤出】命令 创建挤出长度为 3、以单侧挤出的挤出曲面 ❻。利用【布尔运算差集】命令 将挤出曲面 ❻ 从挤出曲面 ❶ 中减去，结果如图 3-20 所示。

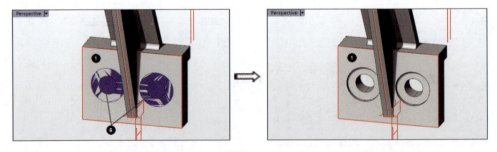

图 3-20

18. 利用【工作平面】标签中的【设置工作平面：垂直】命令 ，在 Front 视窗中选取基点和 x 轴向以设置工作平面，如图 3-21 所示。

19. 在 Perspective 视窗中利用【变动】标签中的【3D 旋转】命令（右击 按钮），将 A 向投影视图旋转 90°，如图 3-22 所示。

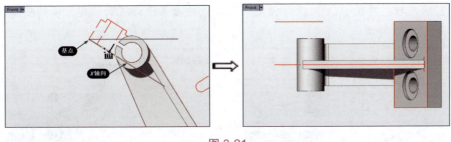

图 3-21

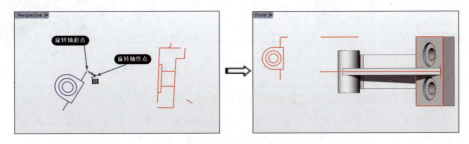

图 3-22

20. 将 A 向投影视图的所有曲线移动到工作平面上（在 Front 视窗中操作），且与挤出曲面 ❷（见图 3-11）所包含的曲线端点重合，如图 3-23 所示。

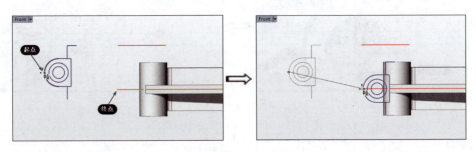

图 3-23

21. 利用【直线挤出】命令 ，选取 A 向投影视图的曲线来创建图 3-24 所示的挤出曲面 ❼。

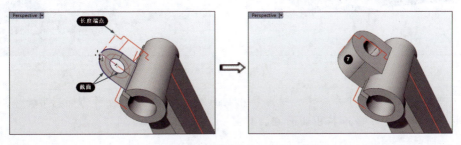

图 3-24

22. 同理，再选取 A 向投影视图部分曲线作为截面曲线来创建封闭的挤出曲面 ❽，如图 3-25 所示。

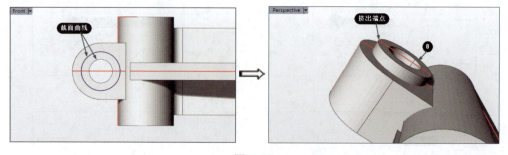

图 3-25

23. 为便于后面操作，将"object"图层关闭。
24. 利用【直线挤出】命令 ，选取曲面边创建有方向参考的挤出曲面 ❾，如图 3-26 所示。同理，再创建图 3-27 所示的挤出曲面 ❿。

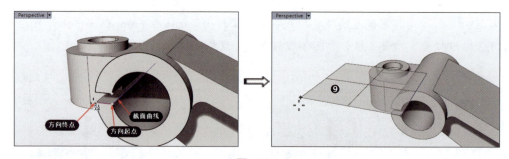

图 3-26

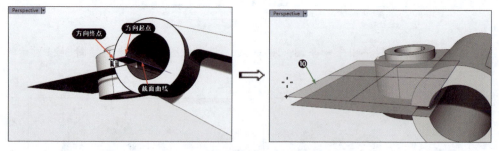

图 3-27

25. 利用【修剪】命令 ，选取挤出曲面 ❾ 和挤出曲面 ❿ 作为切割用物件，切割封闭的挤出曲面 ❼ 和挤出曲面 ❽，结果如图 3-28 所示。

3.1 挤出曲面

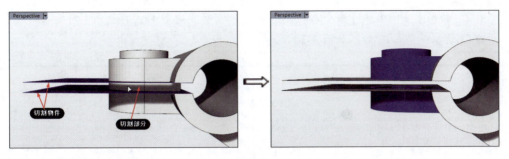

图 3-28

至此，完成了本例零件的设计。

3.1.2 沿着曲线挤出

利用【沿着曲线挤出】命令 ![icon] 可沿着一条路径曲线挤出截面曲线来创建曲面或实体。

> 提示：曲面边栏中的【沿着曲线挤出】命令 ![icon] 与实体边栏中的【沿着曲线挤出曲线】命令 ![icon] 是完全相同的，只是命令标题不同而已。

单击【沿着曲线挤出】按钮 ![icon]，选取要挤出的曲线后右击或按 Enter 键确认，再选取路径曲线，将自动创建曲面或实体；若右击 ![icon] 按钮，将沿着副曲线挤出曲面或实体，如图 3-29 所示。

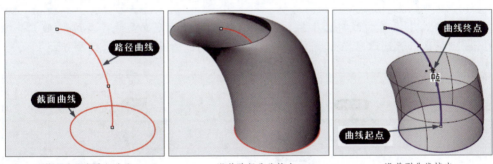

截面曲线和路径曲线　　　　　沿着路径曲线挤出　　　　　沿着副曲线挤出

图 3-29

> 提示：副曲线也称逼近曲线，是利用【以公差重新逼近曲线】命令 ![icon] 来创建的一条逼近特别复杂或控制点特别稠密的简洁曲线。一般来讲，仅当路径曲线为样条曲线时才用副曲线来挤出曲面或实体。

【例 3-2】创建"沿着曲线挤出"的曲面。

1. 新建 Rhino 文件。

2. 利用【多重直线】命令 在 Top 视窗中绘制多边形❶，再利用【内插点曲线】命令 绘制一条曲线❷，如图 3-30 所示。

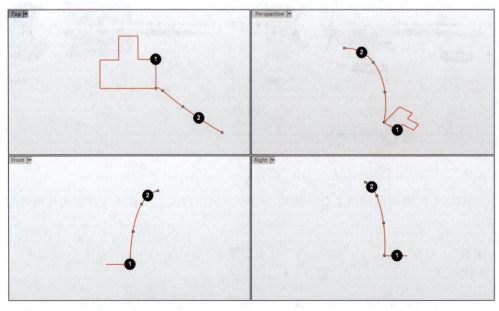

图 3-30

> 提示：绘制内插点曲线后打开编辑点，分别在几个视窗中调节编辑点位置。

3. 单击【沿着曲线挤出】按钮 ，选取要挤出的截面曲线（多边形❶）并按 Enter 键确认后再选取路径曲线（曲线❷），自动创建曲面，如图 3-31 所示。

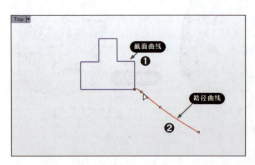 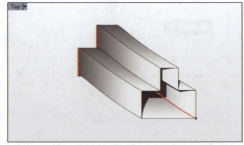

图 3-31

> 提示：路径曲线有且只有一条。在选取路径曲线时要注意选取位置，在路径曲线两端分别选取，会产生两种不同的效果。图 3-31 所示为在靠近截面曲线一端选取位置而产生的结果，图 3-32 所示为在远离截面曲线一端选取位置而产生的结果。

3.1 挤出曲面

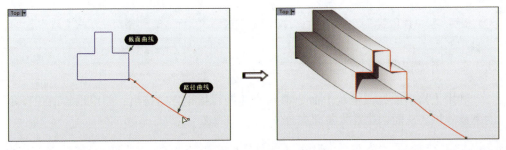

图 3-32

3.1.3 挤出至点

利用【挤出至点】命令▲可挤出曲线至一点而创建锥形的曲面、实体或多重曲面，如图 3-33 所示。

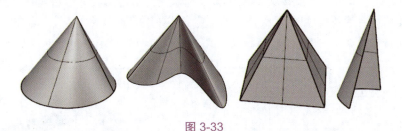

图 3-33

> **提示**：曲面边栏中的【挤出至点】命令▲与实体边栏中的【挤出曲线至点】命令▲是完全相同的，只是命令标题不同而已。

【例 3-3】 创建"挤出至点"的锥形曲面。

1. 新建 Rhino 文件。
2. 利用【矩形：角对角】命令□绘制一个矩形，如图 3-34 所示。
3. 单击【挤出至点】按钮▲，选取要挤出的曲线并右击确认，再指定挤出点位置，随后自动创建曲面，如图 3-35 所示。

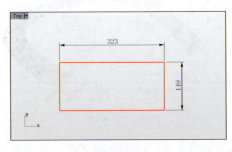

图 3-34

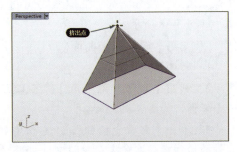

图 3-35

067

> **提示**：可以指定参考点、曲线/边的端点，或者输入坐标值确定挤出点。

3.1.4 挤出曲线成锥状

利用【挤出曲线成锥状】命令 可将曲线往指定方向挤出，并以设置的拔模角内缩或外扩，从而创建锥状曲面或台体。

> **提示**：曲面边栏中的【挤出曲线成锥状】命令 与实体边栏中的【挤出曲线成锥状】命令 完全相同。

【例 3-4】 创建"挤出曲线成锥状"的锥形曲面。

1. 新建 Rhino 文件。
2. 利用【矩形：角对角】命令 绘制一个矩形，如图 3-36 所示。
3. 单击【挤出曲线成锥状】按钮 ，选取要挤出的曲线并右击确认，在命令行中设置【拔模角度（R）】选项为 15，设置【实体（S）】选项为【否】，其余选项不变，再输入【挤出长度】为 50，按 Enter 键或右击完成曲面的创建，如图 3-37 所示。

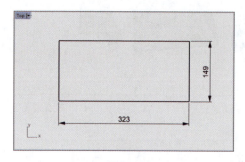
图 3-36

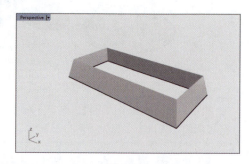
图 3-37

3.1.5 彩带

利用【彩带】命令 可偏移一条曲线，并在原来的曲线和偏移后的曲线之间创建曲面，如图 3-38 所示。

【例 3-5】 创建彩带曲面。

1. 新建 Rhino 文件。
2. 利用【矩形：角对角】命令 绘制一个矩形，如图 3-39 所示。
3. 单击【彩带】按钮 ，选取要创建

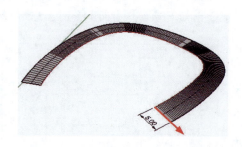
图 3-38

彩带的曲线后，在命令行中设置【距离（D）】选项为 30，其余选项不变，然后在矩形外侧单击以确定偏移侧，如图 3-40 所示。随后自动创建彩带曲面，如图 3-41 所示。

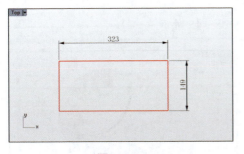

图 3-39

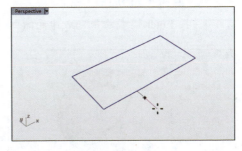

图 3-40

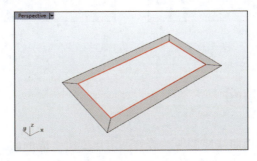

图 3-41

3.1.6　往曲面法线方向挤出曲线

利用【往曲面法线方向挤出曲线】命令 可挤出一条曲面上的曲线创建曲面，挤出的方向为曲面的法线方向。

【例 3-6】创建"往曲面法线方向挤出曲线"的曲面。

1. 新建 Rhino 文件。打开素材源文件"3-1.3dm"。打开的文件是一个旋转曲面和曲面上的样条曲线（内插点曲线），如图 3-42 所示。

2. 单击【往曲面法线方向挤出曲线】按钮 ，选取曲面上的曲线及基底曲面，如图 3-43 所示。

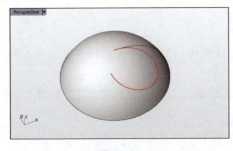

图 3-42

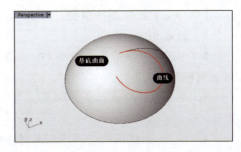

图 3-43

3. 在命令行中设置挤出的距离为50，单击【反转（F）】选项使挤出方向指向曲面外侧，如图3-44所示。

4. 按Enter键或右击完成曲面的创建，如图3-45所示。

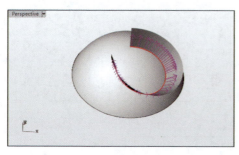
图 3-44

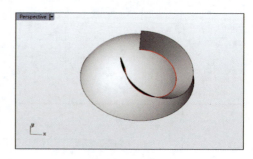
图 3-45

3.2 旋转曲面

旋转曲面是将截面曲线绕旋转轴旋转一定角度所生成的曲面或细分物件。旋转角度为0°～360°。创建旋转曲面的命令包括【旋转成形】和【沿着路径旋转】。

> ↳ 提示：在Rhino中，细分物件是指通过细分建模（Subdivision Modeling）技术创建的几何体。这类物件通过反复细分其面片（通常是多边形网格）来逐渐增加其平滑度和细节，适合于创建复杂且有机的形状，如人物、动物、建筑雕刻件等。

3.2.1 旋转成形

利用【旋转成形】命令 可将一条轮廓曲线绕着旋转轴旋转来创建曲面或细分物件。

要创建旋转曲面或细分物件，必须先绘制旋转的截面曲线，旋转轴可以是现有的直线、曲面/实体边，截面曲线可以是封闭的，也可以是开放的。

【例3-7】创建漏斗曲面。

1. 新建Rhino文件。
2. 利用【多重直线】命令，在Front视窗中绘制图3-46所示的多重直线（包括实线和点划线）。
3. 单击【旋转成形】按钮，选取要旋转的截面曲线（实线直线），如图3-47所示。
4. 按Enter键确认，再指定点划线的两个端点分别为旋转轴的起点和终点，如图3-48所示。

3.2 旋转曲面

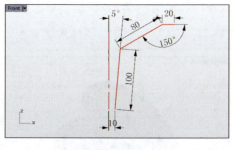

图 3-46

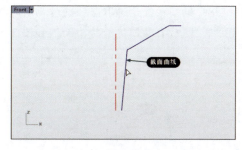

图 3-47

5. 在命令行设置【设置起始角度（A）】选项为【否】，然后输入旋转角度为 360°，最后右击完成旋转曲面的创建，如图 3-49 所示。

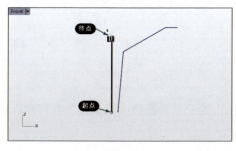

图 3-48

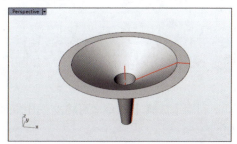

图 3-49

3.2.2 沿着路径旋转

利用【沿着路径旋转】命令（右击按钮）可将轮廓曲线沿着一条路径曲线绕中心轴旋转而创建曲面。

【例 3-8】创建心形曲面。

1. 新建 Rhino 文件。打开本例素材源文件 "3-2.3dm"，如图 3-50 所示。
2. 右击【沿着路径旋转】按钮，然后根据命令行提示依次选取轮廓曲线和路径曲线，如图 3-51 所示。

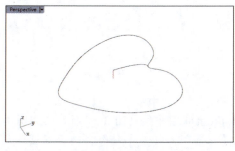

图 3-50

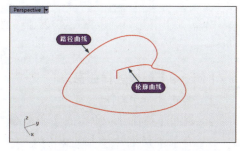

图 3-51

3. 继续按提示选取路径旋转轴的起点和终点，如图 3-52 所示。
4. 随后自动创建旋转曲面，如图 3-53 所示。

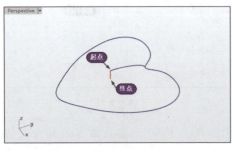

图 3-52

图 3-53

3.3 放样曲面

利用【放样】命令可将空间中同一走向上的一系列截面曲线创建为放样曲面，如图 3-54 所示。

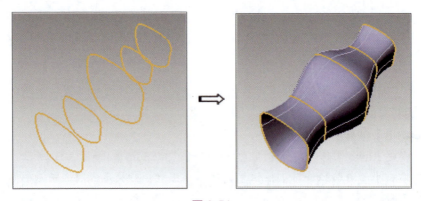

图 3-54

> **提示**：这些截面曲线必须同为开放曲线或闭合曲线，而且必须保证各截面曲线不同面且平行。

【例 3-9】创建放样曲面。

1. 新建 Rhino 文件。
2. 利用【椭圆：从中心点】命令，在 Front 视窗中绘制图 3-55 所示的椭圆。
3. 在菜单栏中执行【变动】/【缩放】/【三轴缩放（2）】命令，选择椭圆曲线进行缩放，缩放时在命令行中设置【复制（C）】选项为【是】，结果如图 3-56 所示。

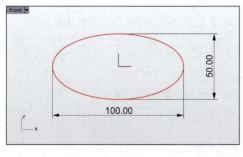

图 3-55

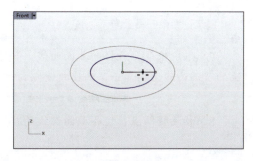

图 3-56

4. 利用【变动】标签中的【复制】命令，将大椭圆在 Top 视窗中进行复制，复制起点为世界坐标系原点，第一次复制终点距离为 100，第二次复制终点距离为 200，如图 3-57 所示。

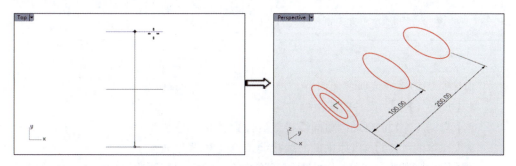

图 3-57

5. 同理，复制小椭圆，且第一次复制终点距离为 50，第二次复制终点距离为 150，如图 3-58 所示。删除原先作为复制参考的小椭圆，保留大椭圆。

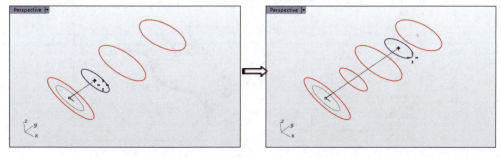

图 3-58

6. 在菜单栏中执行【曲面】/【放样】命令，或者在曲面边栏中单击【放样】按钮，命令行中提示如下：

选取要放样的曲线 (点(P))：

> 提示：数条开放的断面曲线需要点选同一侧，数条封闭的断面曲线可以调整曲线接缝。

7. 依次选取要放样的截面曲线，如图 3-59 所示，命令行显示如下提示。并且所选的截面曲线上均显示了曲线接缝点与方向。

移动曲线接缝点, 按 Enter 完成 (反转(F) 自动(A) 原本的(N) 锁定到节点(S)=是):

8. 移动接缝点，使各截面曲线的接缝点在椭圆象限点上，如图 3-60 所示。

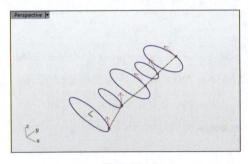 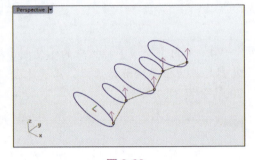

　　　图 3-59　　　　　　　　　　　　　　图 3-60

命令行中的接缝选项含义如下。

- 【反转（F）】：反转曲线接缝方向。
- 【自动（A）】：自动调整曲线接缝的位置及曲线的方向。
- 【原本的（N）】：以原来的曲线接缝位置及曲线方向运行。
- 【锁定到节点（S）】：此选项用于将接缝点锁定到截面曲线的节点（如椭圆的象限点、样条曲线的控制点等）上。

9. 右击后弹出【放样选项】对话框，视窗中显示放样曲面预览，如图 3-61 所示。

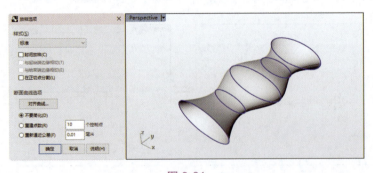

图 3-61

【放样选项】对话框包含两个设置选项区：【样式】和【断面曲线选项】。

【样式】选项区用来设置放样曲面的节点及控制点的形状与结构。包含下面 6 种造型。

- 标准：断面曲线之间的曲面以"标准"量延展，如果想创建的曲面是比较平缓或断面曲线的距离比较大，可以使用这个选项，如图 3-62 所示。
- 松弛：放样曲面的控制点会放置于断面曲线的控制点上，这个选项可以创建比较平滑的放样曲面，但放样曲面并不会通过所有的断面曲线，如图 3-63 所示。

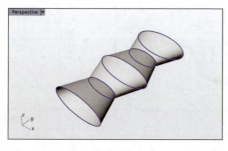

图 3-62

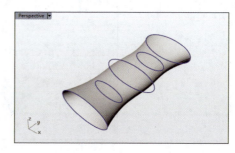

图 3-63

- 紧绷：放样曲面更紧绷地通过断面曲线，适用于创建转角处的曲面，如图 3-64 所示。
- 平直区段：放样曲面在断面曲线之间是平直的曲面，如图 3-65 所示。

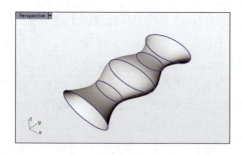

图 3-64

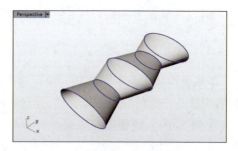

图 3-65

- 可展开的：从每一对断面曲线之间创建个别的可展开的曲面或多重曲面，如图 3-66 所示。
- 均匀：创建的曲面的控制点对曲面都有相同的影响力，【均匀】选项可以用来创建数个结构相同的曲面，如图 3-67 所示。

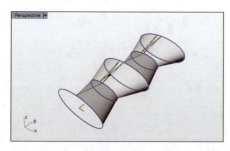

图 3-66

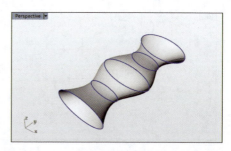

图 3-67

10. 保留对话框中各选项的默认设置，单击【确定】按钮完成放样曲面的创建，如图 3-68 所示。

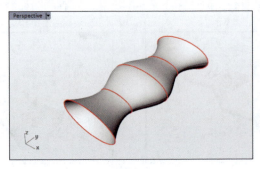

图 3-68

3.4　扫掠曲面

Rhino 8.0 中有两种扫掠曲面命令：【单轨扫掠】命令和【双轨扫掠】命令。

3.4.1　单轨扫掠

【单轨扫掠】命令 是用一系列截面曲线沿着路径曲线扫掠成曲面。截面曲线和路径曲线在空间位置上可以交错，但各截面曲线之间不能产生交错，须保证平行。

【例 3-10】创建锥形弹簧。

1. 新建 Rhino 文件。
2. 在菜单栏中执行【曲线】/【螺旋线】命令，在命令行中输入轴的起点坐标（0,0,0）和轴的终点坐标（0,0,50），右击后再输入第一半径为 50，指定起点在 x 轴上，如图 3-69 所示。
3. 第二半径输入 25，再设置圈数为 10，其他选项默认，右击或按 Enter 键完成锥形螺旋线的创建，如图 3-70 所示。

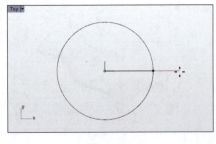

图 3-69

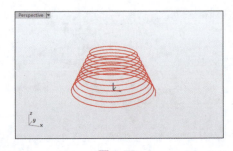

图 3-70

4. 利用【圆：中心点、半径】命令，在 Front 视窗中的螺旋线起点位置绘制半径为 3.5 的圆，如图 3-71 所示。

5. 单击【单轨扫掠】按钮，选取螺旋线为路径曲线，选取圆为截面曲线，如图 3-72 所示。

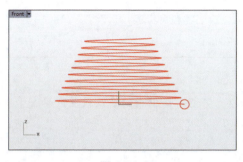

图 3-71

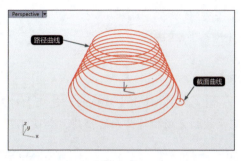

图 3-72

6. 右击后弹出【单轨扫掠选项】对话框，保留对话框中各选项的默认设置，单击【确定】按钮完成弹簧的创建，如图 3-73 所示。

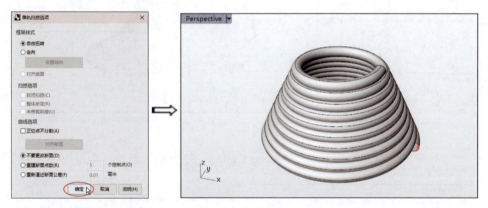

图 3-73

3.4.2 双轨扫掠

利用【双轨扫掠】命令可沿着两条路径扫掠通过数条定义曲面形状的截面曲线以创建曲面。

【例 3-11】创建曲面。

1. 新建 Rhino 文件。
2. 打开本例素材源文件"3-3.3dm"。
3. 单击【双轨扫掠】按钮，依次选取第一路径、第二路径和扫掠形状 1、扫掠形状 2，如图 3-74 所示。

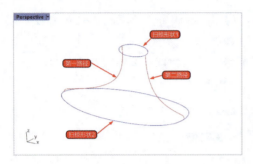 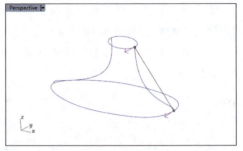

图 3-74

4. 右击后弹出【双轨扫掠选项】对话框，保留对话框中的默认设置，单击【确定】按钮完成扫掠曲面的创建，如图 3-75 所示。

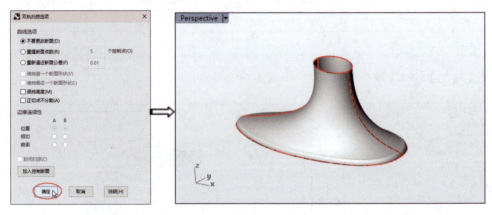

图 3-75

5. 打开"Housing Surface""Housing Curves""Mirror"图层，如图 3-76 所示。

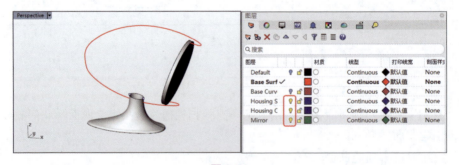

图 3-76

6. 将"Housing Surface"图层设为当前图层，然后单击【双轨扫掠】按钮，选取第一路径、第二路径和截面曲线（扫掠形状），右击后弹出【双轨扫掠选项】对话框，如图 3-77 所示。

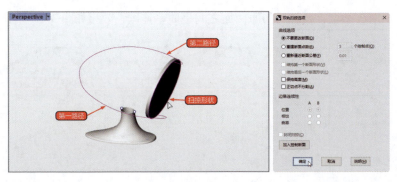

图 3-77

7. 保留【双轨扫掠选项】对话框中的默认设置，单击【确定】按钮完成扫掠曲面的创建，如图 3-78 所示。

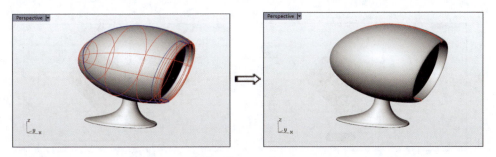

图 3-78

3.5 延伸曲面

在 Rhino 8.0 中，利用【延伸曲面】命令 可对曲面的边缘进行延伸操作，使曲面延长。

【例 3-12】延伸曲面。

根据输入的延伸参数，延伸未修剪的曲面。

1. 新建 Rhino 文件。
2. 打开本例素材源文件"3-4.3dm"。
3. 在【曲面工具】标签中单击【延伸曲面】按钮 ，命令行中会有如下提示：

选取要延伸的边缘（类型(T)=平滑 合并(M)=是）：

命令行中的【类型（T）】选项有两种：【直线】和【平滑】。

- 【直线】类型：延伸时呈直线延伸，与原曲面之间位置连续，效果如图 3-79 所示。

- 【平滑】类型：延伸后与原曲面之间呈曲率连续，效果如图 3-79 所示。

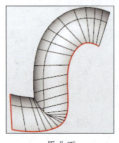
原曲面

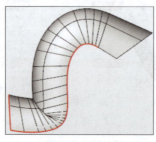
【直线】类型延伸

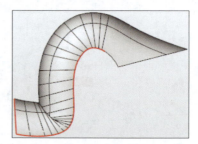
【平滑】类型延伸

图 3-79

4. 本例以【直线】类型进行延伸。选取要延伸的曲面边缘，如图 3-80 所示。
5. 指定延伸起点和终点，如图 3-81 所示。

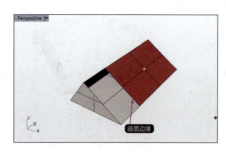
图 3-80

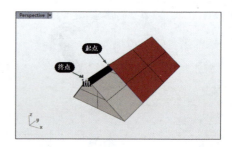
图 3-81

随后自动完成延伸操作，创建的延伸曲面如图 3-82 所示。

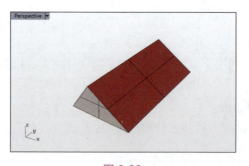
图 3-82

3.6 曲面倒角

在工程中，为了便于加工制造，零件或产品的尖锐边需要进行倒角处理，包括倒圆角和倒斜角。在 Rhino 8.0 中，曲面倒角作用在两个曲面之间，并非作用在实体边缘。

3.6.1 曲面圆角

利用【曲面圆角】命令 可在两个曲面边缘相接处或相交处倒圆角。

单击【曲面圆角】按钮 ，在命令行中设置【半径（R）】选项的值为 15。然后选取要创建圆角的曲面❶和曲面❷，如图 3-83 所示。随后自动完成曲面倒圆角操作，如图 3-84 所示。

图 3-83

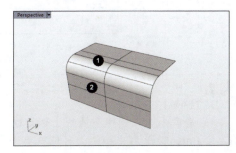

图 3-84

> **提示**：当两个曲面呈相交状态时，可在命令行中依次单击【修剪（T）】选项和【是（Y）】选项，再选取要保留的部分曲面，程序将会修剪掉不需要保留的部分曲面；也可以单击【否（N）】选项全部保留；如果单击【分割（S）】选项，会将两个相交曲面分割成小曲面，如图 3-85 所示。

选择修剪的结果

选择不修剪的结果

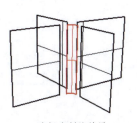

选择分割的结果

图 3-85

3.6.2 不等距曲面圆角

【不等距曲面圆角】命令 与【曲面圆角】命令 都是在曲面间进行倒圆角，通过对控制点的控制，可以改变圆角的大小，倒出不等距的圆角。

【例 3-13】 创建不等距曲面圆角。

1. 新建 Rhino 文件。

2. 利用【矩形平面：角对角】命令，在 Top 视窗和 Front 视窗中绘制两个边缘相接或内部相交的曲面❶和曲面❷，如图 3-86 所示。

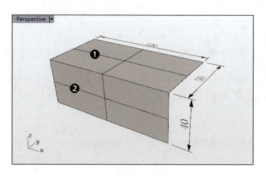

图 3-86

> 提示：两个曲面必须有交集，或是在两个曲面的延伸面上产生交集。

3. 单击【不等距曲面圆角】按钮，在命令行中设置【半径（R）】选项的值为 10，按 Enter 键或右击确认，再选取要进行不等距圆角的第一个曲面（编号❶）和第二个曲面（编号❷），两曲面之间出现控制杆，如图 3-87 所示。

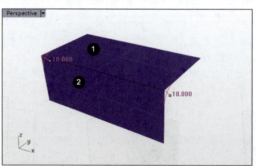

图 3-87

用户可以选择所需选项，键入相应字母进行设置。各选项功能说明如下。

- 【新增控制杆（A）】：沿着边缘新增控制杆，如图 3-88 所示。
- 【复制控制杆（C）】：以选取的控制杆的半径创建另一个控制杆。
- 【移除控制杆（R）】：这个选项只有在新增控制杆以后才会出现。

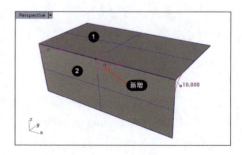

图 3-88

- 【设置全部（S）】：设置全部控制杆的半径。
- 【连结控制杆（L）】：调整控制杆时，其他控制杆会以同样的比例调整。
- 【路径造型（R）】：有 3 种不同的路径造型可以选择，如图 3-89 所示。
  ①与边缘距离：以创建圆角的边缘至圆角曲面边缘的距离决定曲面修剪路径。
  ②滚球：以滚球的半径决定曲面修剪路径。
  ③路径间距：以圆角曲面两侧边缘的间距决定曲面修剪路径。

图 3-89

- 【修建并组合（T）】：设置是否修剪倒圆角后的多余部分，如图 3-90 所示。

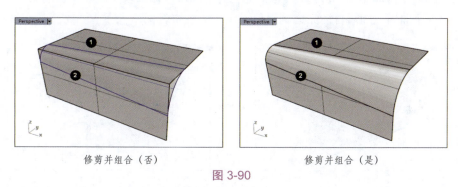

图 3-90

- 【预览（P）】：可以预览最终的倒圆角效果。

4. 单击右侧控制杆的控制点，然后拖动控制杆或者在命令行中输入新的半径值 20，按 Enter 键确认，如图 3-91 所示。

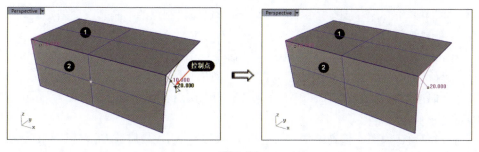

图 3-91

5. 设置【修剪并组合(T)】选项为【是】，最后右击完成不等距曲面圆角的操作，结果如图 3-92 所示。

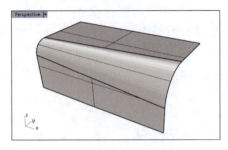

图 3-92

3.6.3 曲面斜角

【曲面斜角】命令和【曲面圆角】命令的作用与性质类似，利用【曲面斜角】命令倒出的角是平面切角，而非圆角。单击【曲面斜角】按钮，在命令行中设置两个倒斜角距离（10,10），按 Enter 键或右击确认。再选取要创建斜角的第一个曲面和第二个曲面，随后自动完成倒斜角操作，结果如图 3-93 所示。

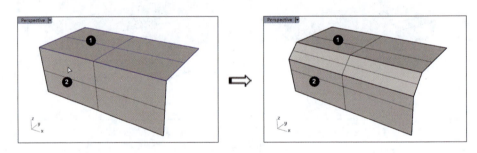

图 3-93

3.6.4 不等距曲面斜角

在 Rhino 8.0 中，【不等距曲面斜角】命令与【曲面斜角】命令都是进行曲面间的斜角倒角。【不等距曲面斜角】命令通过对控制点的控制，改变斜角的大小，倒出不等距的斜角。

单击【不等距曲面斜角】按钮，在命令行中设置斜角距离为 10，按 Enter 键或右击确认，选取要进行不等距斜角的第一个曲面（曲面❶）与第二个曲面（曲面❷），两曲面之间显示控制杆，单击控制杆上的控制点，设置新的斜角距离为 20，如图 3-94 所示。

在命令行中设置【修剪并组合（T）】选项为【是】，最后按 Enter 键或右击完成倒斜角操作，如图 3-95 所示。

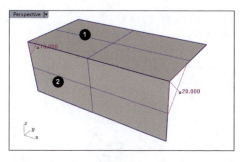

图 3-94

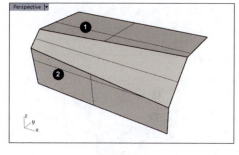

图 3-95

3.7 曲面的连接

两个曲面之间可以通过一系列的操作连接起来，生成新的曲面或连接成完整曲面。前面所介绍的曲面倒角是曲面连接中较常见的功能，下面介绍其他曲面连接命令。

3.7.1 连接曲面

在 Rhino 8.0 中，利用【连接曲面】命令 进行曲面连接是一种简单的连接方式，曲面间的连接部分为直线延伸，而非有弧度的曲面延伸。

【例 3-14】连接曲面。

1. 新建 Rhino 文件。
2. 利用【矩形平面：角对角】命令 ，在 Top 视窗和 Front 视窗中绘制两个边缘相接或内部相交的曲面（编号为 ❶ 和 ❷），如图 3-96 所示。

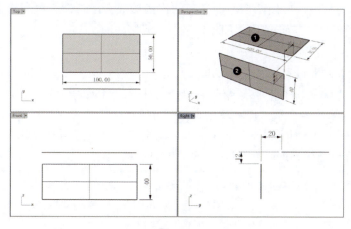

图 3-96

3. 单击【连接曲面】按钮，选取要连接的曲面❶和曲面❷，如图 3-97 所示。随后自动完成两个曲面的连接，结果如图 3-98 所示。

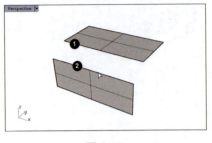
图 3-97

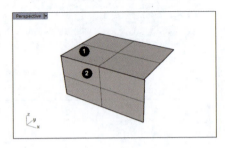
图 3-98

> 提示：如果某一曲面的边缘超出了另一曲面的延伸范围，那么软件将自动修剪超出的那部分曲面，如图 3-99 所示。

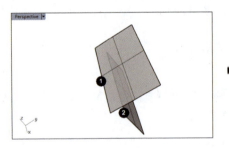

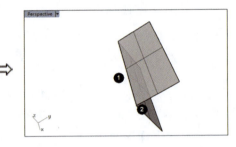

图 3-99

3.7.2 混接曲面

在 Rhino 8.0 中，要使两个曲面之间的连接形成平滑过渡，可利用【混接曲面】命令，该命令可在两个曲面之间创建平滑的混接曲面。

【例 3-15】混接曲面。

1. 打开本例素材源文件"3-5.3dm"。

2. 单击【混接曲面】按钮，在命令行中选择【连锁边缘（C）】选项，然后选取第一个边缘的第一段，选取后单击命令行中的【下一个（N）】选项，系统会自动选取第二段、第三段和第四段，直至全部选取第一个边缘所包含的多段边缘曲线，如图 3-100 所示。按 Enter 键确认第一个边缘的选取。

> 提示：只有一小段边缘才会被选取，并不是多重曲面左侧的整个边缘都会被选取。【全部】选项可以选取所有与已选边缘"以相同或高于连锁连续性选项设置的连续性相连"的边缘，而【下一个】选项只会选取下一个与之相连的边缘。

3. 选取第二个边缘（仅有一段），如图 3-101 所示。

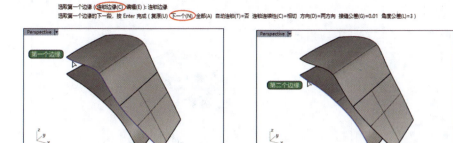

图 3-100　　　　　　　　　　图 3-101

4. 随后弹出【调整曲面混接】对话框。保留对话框中各选项的默认设置，单击【确定】按钮完成混接曲面的创建，如图 3-102 所示。

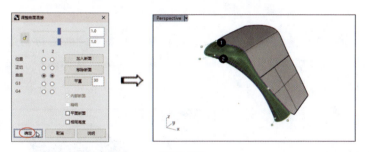

图 3-102

3.7.3　衔接曲面

利用【衔接曲面】命令 可创建具有位置、正切或曲率连续关系的曲面连接。

【例 3-16】衔接曲面。

1. 打开本例素材源文件"3-6.3dm"，如图 3-103 所示。
2. 单击【衔接曲面】按钮 ，选取未修剪一端的曲面边缘（编号❶）和要衔接的曲面边缘（编号❷），如图 3-104 所示。

 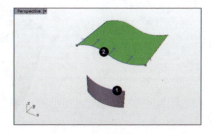

图 3-103　　　　　　　　　　图 3-104

3. 右击确认后弹出【衔接曲面】对话框,同时显示衔接曲面的预览效果,如图 3-105 所示。

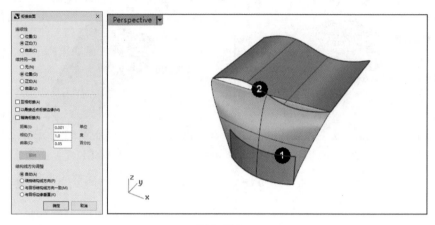

图 3-105

4. 从预览中可以看出,默认生成的衔接曲面无法同时满足两侧曲面的连接条件。此时需要在对话框中设置【精确衔接】选项。勾选此复选框后,设置距离、相切和曲率,得到图 3-106 所示的预览效果。

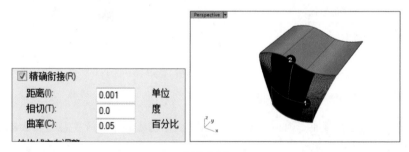

图 3-106

5. 最后单击【确定】按钮完成衔接曲面的创建,如图 3-107 所示。

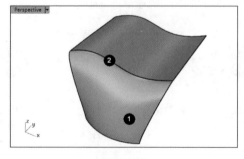

图 3-107

3.7.4 合并曲面

利用【合并曲面】命令 可以将两个或两个以上未相接的曲面合并成一个完整的曲面。但必须注意的是，要进行合并的曲面相接的边缘必须是未经修剪的。单击【合并曲面】按钮，命令行显示如下提示：

选取一对要合并的曲面 (平滑(S)=是 公差(T)=0.001 圆度(R)=1):

- 【平滑（S）】：平滑地合并两个曲面，合并以后的曲面比较适合以控制点调整，但曲面会有较大的变形。
- 【公差（T）】：适当调整合并的公差可以合并看起来有缝隙的曲面。比如，两个曲面间有 0.1 的缝隙，如果按默认的公差进行合并，命令行会提示"边缘距离太远无法合并"，如图 3-108 所示。如果将公差设置为大于或等于 0.1，那么就可以成功合并，如图 3-109 所示。

图 3-108

图 3-109

- 【圆度（R）】：合并后会自动在曲面间实现圆弧过渡，圆度越大越光顺。圆度值为 0.1~1.0。

> 提示：进行合并的两个曲面不仅要曲面相接，而且边缘必须对齐。

3.7.5 偏移曲面

利用【偏移曲面】命令 可创建等距离偏移或等距离复制的曲面或实体。

【例 3-17】偏移曲面。

1. 新建 Rhino 文件。

2. 在菜单栏中执行【实体】/【文字】命令，打开【文本物件】对话框。先设置文字高度和字体样式，然后输入文字"Rhino 8.0"、设置输出为【曲面】、勾选【增加间隔距离】复选框并设置距离值为 10，单击【确定】按钮关闭对话框，最后在 Top 视窗中放置文本物件，如图 3-110 所示。

第 3 章　曲面造型设计

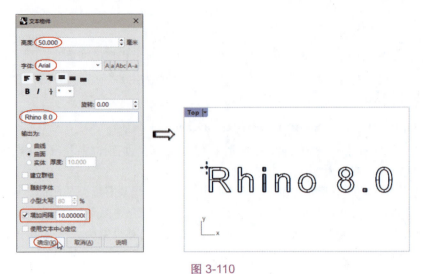

图 3-110

> **提示**：第一次打开【文本物件】对话框时，要将对话框向下拖动使其变长，文本框才能完全显示出来，否则无法输入文字。

3. 单击【偏移曲面】按钮，然后选择视窗中的文本物件并右击确认，如图 3-111 所示。

4. 在命令行中设置【距离（D）】选项为 10，并设置【实体（S）】选项为【是】，最后右击完成偏移曲面的创建，如图 3-112 所示。

图 3-111

图 3-112

3.8　实战案例——兔子儿童早教机建模

兔子儿童早教机如图 3-113 所示，整个造型以兔子为主。儿童早教机建模首先需要导入背景图片作为参考，创建整体曲面，然后依次设计细节，最终将它们整合

3.8 实战案例——兔子儿童早教机建模

到一起。

图 3-113

3.8.1 添加背景图片

在创建模型的初始阶段，需将背景图片导入相应视图作为参考。默认的工作视窗配置包含 3 个正交视图（Front、Top 和 Right），鉴于儿童早教机各个面的形状与结构均不相同，所以要添加更多正交视图来导入图片。

1. 新建 Rhino 文件。
2. 切换到 Front 视窗，在菜单栏中执行【查看】/【背景图】/【放置】命令，在 Front 视窗中放置本例源文件夹中的"Front.jpg"图片，如图 3-114 所示。

> **提示**：图片的第一角点是任意点，第二角点无须确定，在命令行中输入"T"，按 Enter 键即可。也就是按 1∶1 的比例放置图片。

3. 在菜单栏中执行【查看】/【背景图】/【移动】命令，将兔子头顶中间移动到坐标系（0,0）位置，如图 3-115 所示。

图 3-114

图 3-115

4. 切换到 Right 视窗。在菜单栏中执行【查看】/【背景图】/【放置】命令，在 Right 视窗放置本例源文件夹中的"Right.jpg"图片，然后将其移动，如图 3-116 所示。

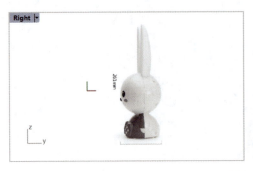 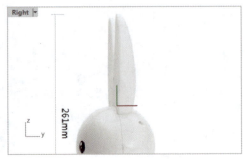

图 3-116

> **提示**：此图与 Front 图片的缩放比例是相同的。

放置的两张图片的视图稍微有些斜，造型时绘制大概的轮廓即可。

3.8.2 创建兔头模型

一、创建头部主体

1. 在 Front 视窗中，单击曲线绘制边栏中的【单一直线】按钮，绘制一条线段，如图 3-117 所示。

2. 单击【椭圆：从中心点】按钮，捕捉线段的中点，绘制一个椭圆，如图 3-118 所示。

图 3-117　　　　　　　　　　　　　图 3-118

3. 在 Right 视窗中绘制一个圆，如图 3-119 所示。

4. 在菜单栏中执行【实体】/【椭圆体】/【从中心点】命令，然后在 Front 视窗中确定中心点、第一轴终点及第二轴终点，如图 3-120 所示。

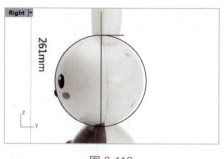
图 3-119

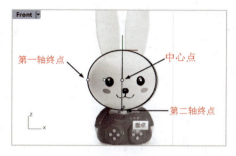
图 3-120

5. 在 Right 视窗中捕捉第三轴终点，如图 3-121 所示。按 Enter 键完成椭球体的创建。

图 3-121

二、创建耳朵

1. 在 Front 视窗中，利用【内插点曲线】命令，参考图片绘制耳朵的正面轮廓，如图 3-122 所示。

2. 利用【控制点曲线】命令，在耳朵轮廓中间位置继续绘制内插点曲线，如图 3-123 所示。

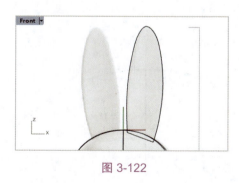
图 3-122

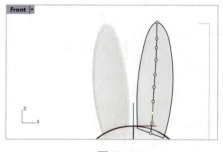
图 3-123

3. 在 Right 视窗中，参考图片拖动中间这条曲线的控制点，与耳朵后背轮廓重合，如图 3-124 所示。

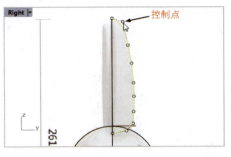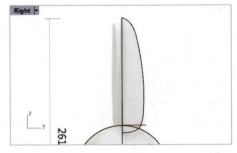

图 3-124

4. 在 Rhinoceros 边栏单击【分割】按钮，选取内插点曲线作为要分割的对象，按 Enter 键后选取中间的控制点曲线作为分割用物件，再次按 Enter 键完成内插点曲线的分割，如图 3-125 所示。

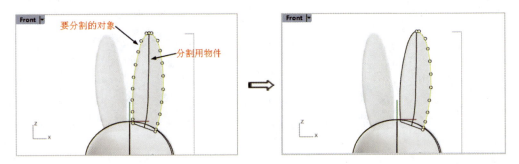

图 3-125

> **提示**：分割内插点曲线后，最好利用【衔接曲线】命令，重新衔接两条曲线，避免因尖角的产生导致后面无法创建圆角。

5. 利用【控制点曲线】命令，在 Top 视窗中绘制图 3-126 所示的曲线，然后在 Front 视窗中调整控制点，结果如图 3-127 所示。

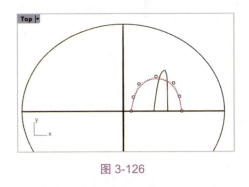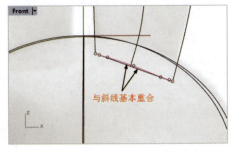

图 3-126   图 3-127

6. 在 Right 视窗中调整耳朵后背的曲线端点，如图 3-128 所示。

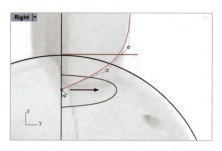
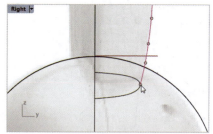

图 3-128

> **提示**：在调整曲线端点时，要在状态栏开启【物件锁点】功能，但不要勾选【投影】复选框。

7. 在【曲面工具】标签中单击【从网线建立曲面】按钮，框选耳朵的内插点曲线和控制点曲线，如图 3-129 所示。接着依次选取第一方向的 3 条曲线（编号分别为 ❶、❷ 和 ❸），如图 3-130 所示。

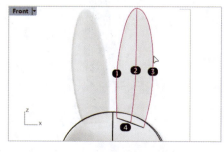

图 3-129　　　　　　　　　　　　　　图 3-130

8. 按 Enter 键确认后，再选取第二方向的 1 条曲线（编号 ❹），如图 3-131 所示。最后按 Enter 键完成网格曲面的创建，如图 3-132 所示。

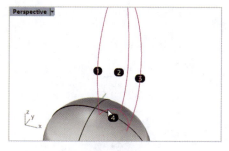
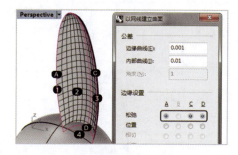

图 3-131　　　　　　　　　　　　　　图 3-132

9. 利用【以二、三或四个边缘曲线建立曲面】命令，分别创建图 3-133 所示的两个曲面。

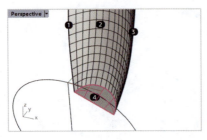

图 3-133

10. 利用 Rhinoceros 边栏中的【组合】命令，将 1 个网格曲面和 2 个边缘曲面组合。

11. 利用【边缘圆角】命令，创建半径为 1mm 的圆角，如图 3-134 所示。

12. 在【变动】标签中单击【变形控制器编辑】按钮，选取前面组合的曲面作为受控物件，如图 3-135 所示。

图 3-134　　　　　　　　　　　　　　图 3-135

13. 按 Enter 键确认后，在命令行中选择【边框方块（B）】选项，接着按 Enter 键确认世界坐标系，再按 Enter 键确认变形控制器的默认参数。然后在命令行中选择【要编辑的范围】为【局部（L）】选项，再按 Enter 键确认衰减距离（确认默认值），视窗中显示可编辑的方块控制框，如图 3-136 所示。

14. 关闭状态栏中的【物件锁点】功能。按 Shift 键在 Front 视窗中选取中间的 4 个控制点，如图 3-137 所示。

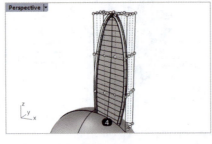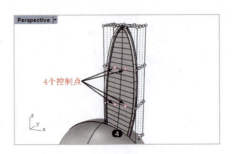

图 3-136　　　　　　　　　　　　　　图 3-137

15. 在 Top 视窗中拖动控制点，以此改变该侧曲面的形状，如图 3-138 所示。

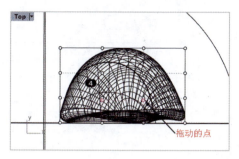 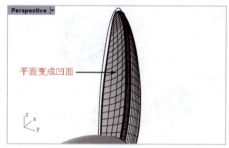

图 3-138

16. 利用【镜像】命令，将耳朵镜像复制到 y 轴的对称侧，如图 3-139 所示。
17. 利用【组合】命令，将耳朵与头部组合，然后创建半径为 1mm 的圆角，如图 3-140 所示。

 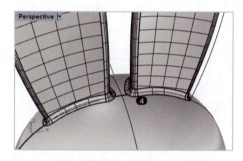

图 3-139　　　　　　　　　　　　　图 3-140

三、创建眼睛与鼻子

1. 在菜单栏中执行【查看】/【背景图】/【移动】命令，将 Front 视窗中的图片稍微向左平移，如图 3-141 所示。

图 3-141

2. 在 Front 视窗中创建一个椭球体作为眼睛，如图 3-142 所示。

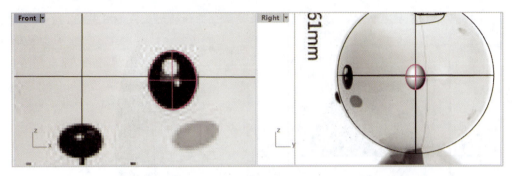

图 3-142

3. 在 Right 视窗中利用【变动】标签中的【移动】命令，将椭球体向左平移（为了保持水平方向平移，可按 Shift 键辅助平移），平移时还需观察 Perspective 视窗中的椭球体的位置，如图 3-143 所示。

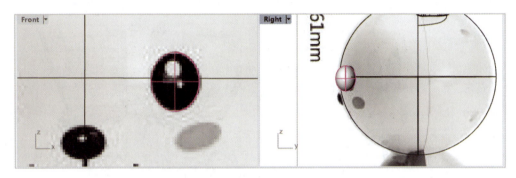

图 3-143

4. 利用【镜像】命令，将椭球体镜像复制到 y 轴的另一侧，如图 3-144 所示。
5. 同理，继续创建椭球体作为鼻子，如图 3-145 所示。

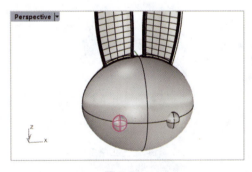

图 3-144

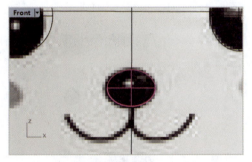

图 3-145

6. 在 Right 视窗中将作为鼻子的椭球体进行旋转，如图 3-146 所示。然后将其平移，如图 3-147 所示。

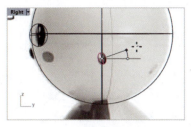

图 3-146

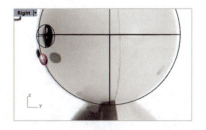

图 3-147

7. 利用【实体工具】标签中的【布尔运算联集】命令，将眼睛、鼻子及头部主体进行布尔求和运算，形成整体。

> **提示**：制作到此步，读者可能会问：形成整体后如何给眼睛、鼻子等进行材质的添加并完成渲染呢？实际上，渲染前利用【实体工具】标签中的【抽离曲面】命令，将不同材质的部分曲面抽离出来，即可单独赋予材质。

8. 利用【控制点曲线】命令，在 Front 视窗中绘制图 3-148 所示的 3 条曲线，利用【投影曲线或控制点】命令将其投影到头部曲面上。

9. 在菜单栏中执行【曲面】/【挤出曲线】/【往曲面法线】命令，选取其中的 1 条曲线向头部主体外挤出 0.1mm 的曲面，如图 3-149 所示。

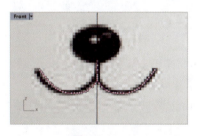

图 3-148

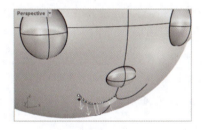

图 3-149

10. 同理，挤出另外 2 条曲线的基于曲面法线的曲面。

11. 利用【曲面工具】标签中的【偏移曲面】命令，选取 3 个基于曲面法线的曲面进行偏移（在命令行要设置【两侧（B）】选项为【是】），创建图 3-150 所示的偏移距离为 0.15mm 的曲面。

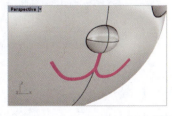

图 3-150

3.8.3 创建身体模型

一、创建身体主体

1. 利用【单一直线】命令，在 Front 视窗中绘制一条竖直直线，如图 3-151 所示。

2. 利用【控制点曲线】命令，在 Front 视窗中绘制身体一半的曲线，如图 3-152 所示。

图 3-151

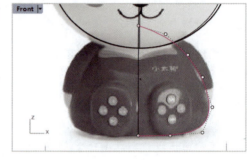

图 3-152

3. 利用曲面边栏中的【旋转成型】命令，选取控制点曲线绕竖直直线旋转 360°，创建图 3-153 所示的身体主体部分。

二、创建手臂

1. 选中身体部分及其轮廓线，执行菜单栏中的【编辑】/【可见性】/【隐藏】命令，将其暂时隐藏。

2. 利用【控制点曲线】命令，在 Front 视窗中绘制手臂的外轮廓曲线，如图 3-154 所示。

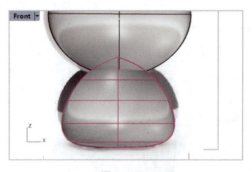

图 3-153

图 3-154

3. 在 Right 视窗中平移图片，如图 3-155 所示。

4. 利用【控制点曲线】命令，在 Right 视窗中绘制手臂的外轮廓曲线，如

图 3-156 所示。

5. 在 Front 视窗中调整曲线的控制点位置（移动控制点时关闭【物件锁点】功能），如图 3-157 所示。

图 3-155

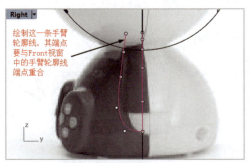

图 3-156

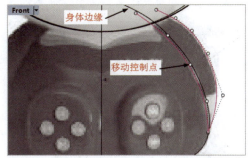

图 3-157

6. 将移动控制点后的曲线进行镜像（镜像时开启【物件锁点】功能），如图 3-158 所示。

7. 利用【内插点曲线】命令，仅勾选状态栏中的物件锁点选项中的【端点】与【最近点】复选框。然后在 Right 视窗中绘制 3 条内插点曲线，如图 3-159 所示。

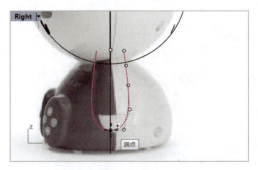

图 3-158

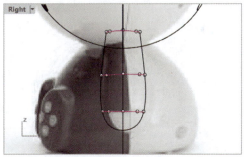

图 3-159

8. 利用【曲面工具】标签中的【从网线建立曲面】命令 ，依次选择6条曲线来创建网格曲面，如图3-160所示。

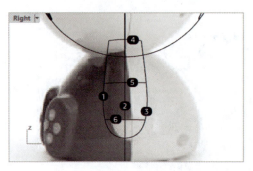
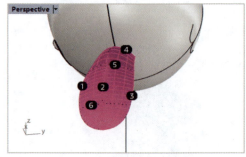

图 3-160

9. 利用【单一直线】命令 ，补画一条直线，如图3-161所示。再利用【以二、三或四个边缘曲线建立曲面】命令 创建两个曲面，如图3-162所示。

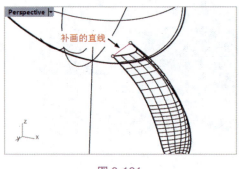
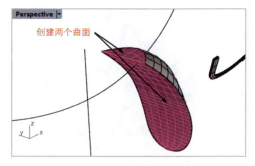

图 3-161　　　　　　　　　　　　　　图 3-162

10. 利用【组合】命令 将组成手臂的3个曲面组合成封闭曲面。
11. 在菜单栏中执行【查看】/【可见性】/【显示】命令，显示隐藏的身体主体部分。利用【镜像】命令 ，在Top视窗中将手臂镜像复制到y轴的另一侧，如图3-163所示。

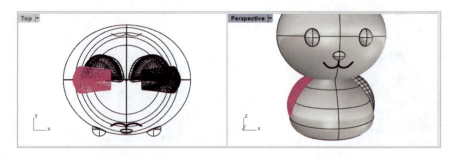

图 3-163

12. 利用【布尔运算联集】命令 ![icon]，将手臂、身体及头部合并。

3.8.4 创建兔脚模型

1. 在 Front 视窗中水平移动背景图片，使两只兔脚位于中线的两侧，形成对称，如图 3-164 所示。

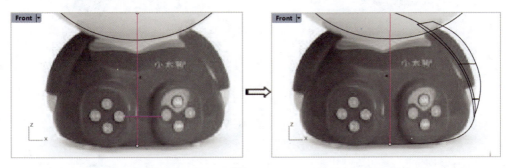

图 3-164

> **提示**：可以绘制连接两边按钮的线段作为对称参考。移动时，捕捉该线段的中点，将其水平移动到中线上即可。

2. 绘制兔脚的外形轮廓曲线，如图 3-165 所示。

> **提示**：可以适当调整下面这段圆弧曲线的控制点位置。

3. 将绘制的曲线利用【投影曲线或控制点】命令 ![icon] 投影到身体曲面上，如图 3-166 所示。

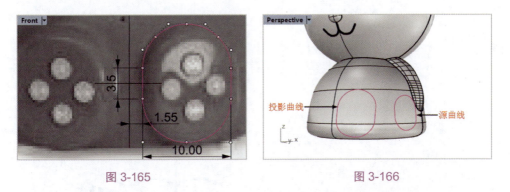

图 3-165　　　　　　　　　　　图 3-166

4. 利用 Rhinoceros 边栏中的【分割】命令 ![icon]，用投影曲线分割身体曲面，如图 3-167 所示。

5. 利用实体边栏中的【挤出曲面成锥状】命令 ![icon]，选取分割出来的兔脚曲面，创建挤出实体。挤出的方向在 Top 视窗中进行指定，如图 3-168 所示。

图 3-167

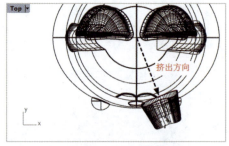
图 3-168

> **提示**：指定挤出方向的操作技巧是，先勾选【物件锁点】中的【投影】复选框、【端点】复选框和【中点】复选框，接着在 Right 视窗中捕捉一个点作为方向起点，如图 3-169 所示；捕捉方向起点后临时取消勾选【投影】复选框，再捕捉图 3-170 所示的方向终点。

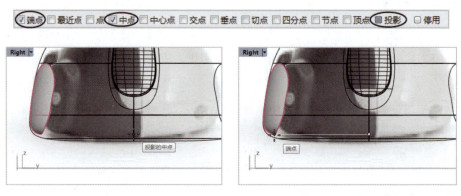

图 3-169　　　　　　　　　图 3-170

6. 在命令行中选择【反转角度（F）】选项，并输入挤出深度为 5，按 Enter 键后完成挤出实体的创建，如图 3-171 所示。

7. 在 Top 视窗中绘制两条线段（外面这条用【偏移曲线】命令完成），如图 3-172 所示。

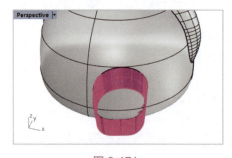
图 3-171

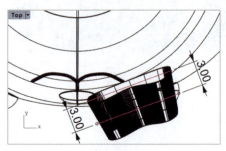
图 3-172

8. 在【工作平面】标签中单击【设置工作平面与曲面垂直】按钮，在 Perspective 视窗中选取步骤 7 中绘制的线段并捕捉其中点，将工作平面的原点放置于此，如图 3-173 所示。

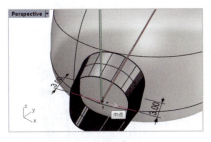
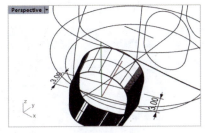

图 3-173

9. 激活 Perspective 视窗，在【设置视图】工具列中单击【正对工作平面】按钮，切换为工作平面视图。然后绘制一段内插点曲线，此曲线第二点在工作平面原点上，如图 3-174 所示。

10. 利用【曲面工具】标签中的【单轨扫掠】命令，选取步骤 9 绘制的内插点曲线为路径、步骤 7 绘制的线段为端面曲线，创建扫掠曲面，如图 3-175 所示。

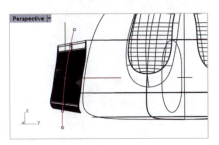
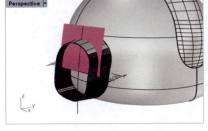

图 3-174　　　　　　　　　　　图 3-175

11. 同理，创建另一半的扫掠曲面，如图 3-176 所示。

12. 利用【修剪】命令，选取扫掠曲面为"切割用物件"，再选取锥状挤出曲面为"要修剪的物件"，修剪结果如图 3-177 所示。

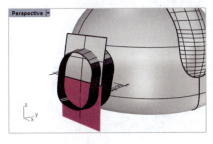
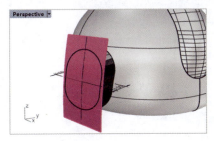

图 3-176　　　　　　　　　　　图 3-177

13. 同理，再次进行修剪操作，不过"要修剪的物件"与"切割用物件"正相反，修剪结果如图 3-178 所示。利用【组合】命令 ，将锥状曲面和扫掠曲面进行组合。

14. 利用【边缘圆角】命令 ，选取组合后的封闭曲面的边缘，创建圆角半径为 0.750mm 的边缘圆角，如图 3-179 所示。

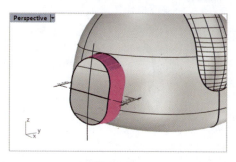
图 3-178

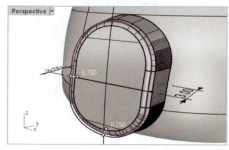
图 3-179

15. 在 Front 视窗中绘制 4 个小圆，如图 3-180 所示。再利用【投影曲线】命令 ，在 Front 视窗中将小圆投影到兔脚曲面上，如图 3-181 所示。

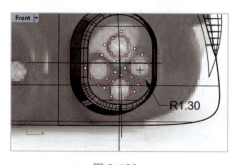
图 3-180

图 3-181

16. 利用【分割】命令 ，用投影的小圆来分割兔脚曲面，如图 3-182 所示。

17. 暂时将分割出来的小圆曲面隐藏，兔脚曲面上有 4 个小圆孔。利用【直线挤出】命令 ，将兔脚曲面上的圆孔曲线向身体内挤出 1mm，创建的挤出曲面如图 3-183 所示。

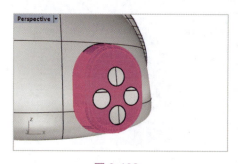
图 3-182

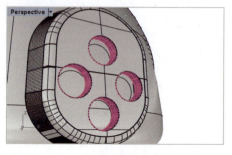
图 3-183

18. 利用【组合】命令将步骤 17 中创建的挤出曲面与脚曲面组合，再利用【边缘圆角】命令创建半径为 0.1mm 的圆角，如图 3-184 所示。

19. 利用【曲面工具】标签中的【嵌面】命令，依次创建 4 个嵌面，如图 3-185 所示。

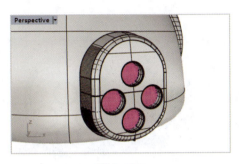

图 3-184

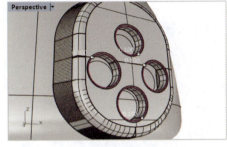

图 3-185

20. 将暂时隐藏的 4 个小圆曲面显示。同理，利用实体边栏中的【挤出曲面】命令创建相同挤出方向的曲面，向外的挤出长度为 -1mm（向内挤出为 1mm），如图 3-186 所示。同样，在挤出曲面上创建半径为 0.1mm 的圆角，如图 3-187 所示。

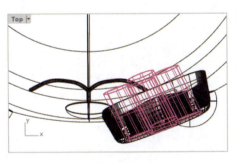

图 3-186

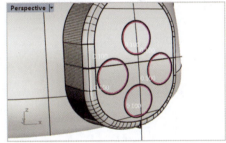

图 3-187

21. 利用【镜像】命令，将整只兔脚所包含的曲面镜像复制到 y 轴的另一侧，如图 3-188 所示。

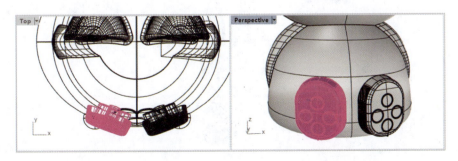

图 3-188

22. 利用【分割】命令，选取兔脚曲面去分割身体曲面。

23. 利用【组合】命令，将两边的兔脚曲面与身体曲面进行组合，得到整体曲面，如图 3-189 所示。

24. 最后利用【边缘圆角】命令，创建兔脚曲面与身体曲面之间的圆角，半径为 1mm，如图 3-190 所示。

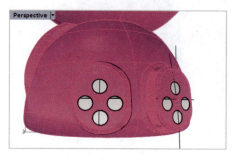
图 3-189

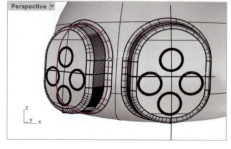
图 3-190

> **提示**：如果曲面与曲面之间不能组合，很可能是由于曲面间存在缝隙、重叠或交叉。如果是缝隙问题，可以执行菜单栏中的【工具】/【选项】命令，打开【Rhino 选项】对话框，设置绝对公差值即可（默认值 0.0001 改为 "0.1"），如图 3-191 所示。

图 3-191

至此，完成兔子儿童早教机的建模工作，结果如图 3-192 所示。

图 3-192

第 4 章　实体造型设计

通常情况下，设计师会根据产品外形的复杂程度，选择使用不同的建模工具。对于产品外形比较简单的机械产品，使用 Rhino 的实体建模工具完全可以把模型构建出来。本章将介绍使用实体建模工具进行产品建模的基本知识。

4.1 体素实体

体素实体是实体中最基本的实体单元。体素实体包括立方体、球体、锥形体、圆柱体、圆环体等。体素实体工具在实体边栏中，如图 4-1 所示。

图 4-1

4.1.1 创建立方体

在实体边栏中长按带有三角的立方体按钮，弹出【立方体】工具列，如图 4-2 所示。

图 4-2

立方体的创建命令有以下 4 种。

- 【立方体：三点、高度】：该命令需要指定底面 3 个点和立方体的高度来创建立方体，如图 4-3 所示。
- 【立方体：角对角、高度】：该命令需要指定底面上矩形的对角点和立方体的高度来创建立方体，如图 4-4 所示。
- 【立方体：对角线】：该命令只需要定义立方体的两对角点（生成对角线）即可创建立方体，如图 4-5 所示。

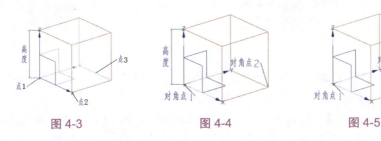

图 4-3　　　　　　图 4-4　　　　　　图 4-5

- 【边框方框】⬢：该命令是参考已有的实体，创建完全包容该实体的边框立方体，如图 4-6 所示。

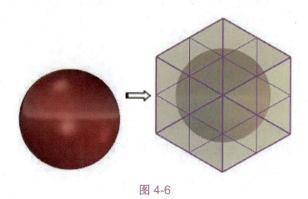

图 4-6

4.1.2 球体

在实体边栏中长按带有三角的球体按钮⬤，可以弹出【球体】工具列，如图 4-7 所示。

图 4-7

创建球体的命令有 7 种，分别介绍如下。
- 【球体：中心点、半径】⬤：通过设定球体的球心和半径来创建球体，如图 4-8 所示。
- 【球体：直径】⬤：通过设定两点确定球体的直径来创建球体，如图 4-9 所示。

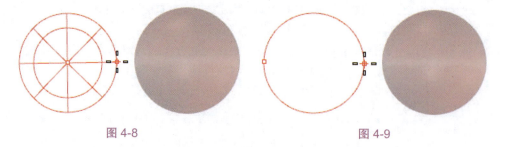

图 4-8　　　　　　　　　　图 4-9

- 【球体：三点】⬤：通过依次确定基圆上 3 个点的位置来创建球体，基圆决定球体的位置及大小，如图 4-10 所示。
- 【球体：四点】⬤：通过 3 个点确定截面圆和指定球体上的 1 个点来创建球体，如图 4-11 所示。使用该命令绘制球体时要在不同视窗中进行。

4.1 体素实体

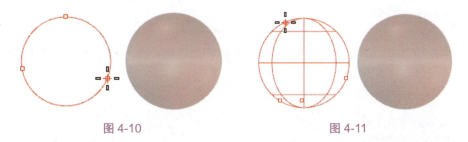

图 4-10　　　　　　　　　　　　图 4-11

- 【球体：环绕曲线】：选取曲线上的点，以该点为球心创建包裹曲线的球体，如图 4-12 所示。

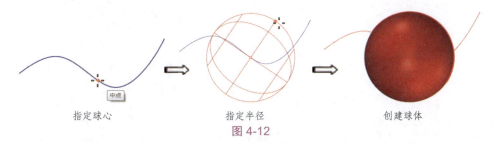

指定球心　　　　　　指定半径　　　　　　创建球体

图 4-12

- 【球体：从与曲线正切的圆】：通过绘制与 3 条曲线均相切的基础圆（过球心的截面圆）来创建球体，如图 4-13 所示。

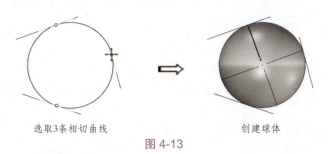

选取3条相切曲线　　　　　　创建球体

图 4-13

- 【球体：逼近数个点】：通过多个点创建球体，使该球体最大限度地配合已知点，如图 4-14 所示。

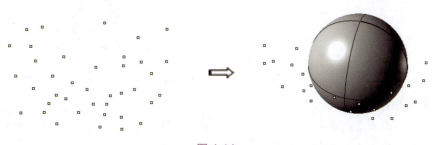

图 4-14

111

4.1.3 锥形体

锥形体分为抛物面锥体、圆锥体和棱锥体。其中，圆锥体又分为圆锥和圆台；棱锥体又分为棱锥和平顶棱锥。

一、抛物面锥体

利用【抛物面锥体】命令●，以抛物线作为锥体的剖截面，通过确定焦点、方向与终点（底面圆的半径）完成抛物面锥体的创建，如图4-15所示。

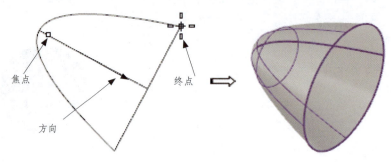

图 4-15

二、圆锥

利用【圆锥】命令●可通过确定底面圆和高度来创建圆锥体。底面圆由中心点、半径（或直径）确定，如图4-16所示。

三、圆台

圆台是用一个平面截取掉圆锥的顶尖而得到的。利用【圆台】命令●可通过指定底面圆直径（或半径）、共轴线的长度和顶面圆直径（或半径）来创建，如图4-17所示。

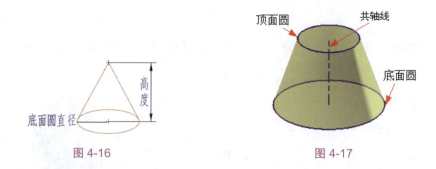

图 4-16　　　　　　　　　　　图 4-17

四、棱锥

利用【棱锥】命令●可通过确定底面形状和大小与高度来创建棱锥。底面可以是正N边形或正N角星形，如图4-18所示。

图 4-18

五、平顶棱锥

利用【平顶棱锥】命令 可通过指定平顶棱锥的底面形状及大小和顶面的形状及大小来创建平顶棱锥，如图 4-19 所示。平顶棱锥的创建方法是先确定底面的正 N 边形或 N 角星形的大小，接着指定顶面位置并确定顶面正 N 边形或正 N 角星形的大小。

图 4-19

4.1.4　圆柱体

Rhino 中圆柱体的表现形式为圆柱和圆柱管。圆柱为实心，圆柱管为中空的薄壁管道。

一、圆柱

利用【圆柱】命令 可通过确定底面圆和圆柱高度来创建圆柱，如图 4-20 所示。

二、圆柱管

利用【圆柱管】命令 可通过确定底面圆、管壁厚度和管高度来创建圆柱管，如图 4-21 所示。

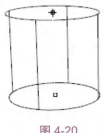 

图 4-20　　　　　　　　　　图 4-21

4.1.5 圆环体

圆环体包括两种结构形式：环状体、圆管。圆管又分为平头盖和圆头盖。

一、环状体

环状体是由圆形截面绕中心轴旋转 1°～360°所产生的旋转体。在实体边栏中单击【环状体】按钮 ⊙，先确定环状体的中心点位置与圆环直径（或半径），再确定环状体截面直径（或半径），按 Enter 键完成环状体的创建，如图 4-22 所示。

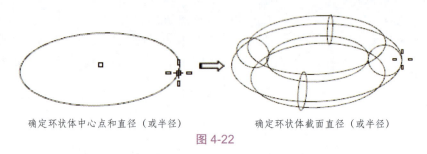

确定环状体中心点和直径（或半径）　　　确定环状体截面直径（或半径）

图 4-22

二、圆管（平头盖）

圆管与圆柱管的组成结构类似，均属于薄壁管道。与环状体的创建方法相似，创建圆管前要先绘制圆管的参考圆曲线，可以是圆，也可以是圆弧，圆 / 圆弧决定了圆管的大小，如图 4-23 所示。当参考圆曲线为圆弧时，所创建的圆管端面由平面封闭，如图 4-24 所示。

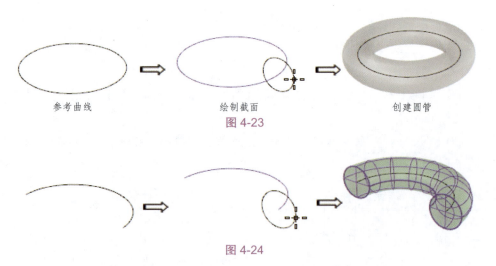

图 4-23

图 4-24

如果圆管不设置厚度，就变成环状体；如果设置厚度，就是圆管。在实体边栏中单击【圆管（平头盖）】按钮 ，在命令行中可以设置圆管管壁厚度，如图 4-25 所示。

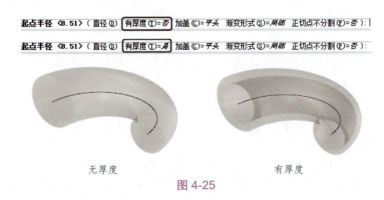

图 4-25

三、圆管（圆头盖）

利用【圆管（圆头盖）】命令 来创建圆管与利用【圆管（平头盖）】命令 来创建圆管是有区别的：当参考曲线为圆弧时，利用【圆管（圆头盖）】命令 创建的圆管封闭端为半球面，非平面。图 4-26 所示为两者的效果对比。

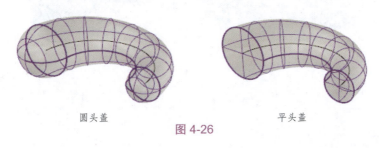

图 4-26

4.2 挤出实体

在 Rhino 中有两种挤出实体的方法，一种是通过挤出表面形成实体，表面可以是平面也可以是曲面；另一种是通过挤出曲线形成实体。

> **提示**：在 Rhino 中，"挤出"不是一个名词，而是一个动词，它的同义词就是"拉伸"。

在实体边栏中长按【挤出曲面】按钮 ，弹出【挤出建立实体】工具列，如图 4-27 所示。

图 4-27

4.2.1 挤出表面形成实体

使用挤出表面形成实体工具可以将平面或曲面的投影面沿默认方向进行挤出，从而形成实体。

一、挤出曲面

利用【挤出曲面】命令 可将曲面沿着指定方向或法向挤出而形成柱体（包括棱柱、圆柱和异形柱）。

绘制方法：单击【挤出曲面】按钮 ，选取要挤出的曲面后按 Enter 键或右击确认，再沿着指定的方向（默认方向为曲面的法线方向）或法向挤出至一定距离后单击（若指定边界曲面将自动完成挤出），完成实体的创建，如图 4-28 所示。

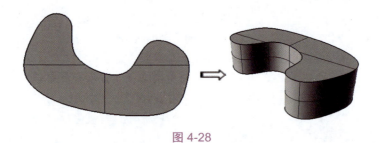

图 4-28

> **提示**：在这里要挤出的曲面不只是平面，也可以是不平整的曲面。

二、挤出曲面至点

利用【挤出曲面至点】命令 可挤出曲面至一点而形成锥体（包括圆锥、棱锥和异形锥）。

绘制方法：单击【挤出曲面至点】按钮 ，选取要挤出的曲面后右击或按 Enter 键确认，指定挤出目标点后将自动完成锥体的创建，如图 4-29 所示。

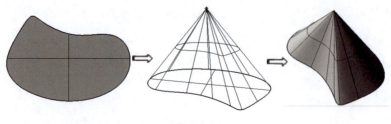

图 4-29

三、挤出曲面成锥状

利用【挤出曲面成锥状】命令 可将曲面沿着指定方向挤出为台体（包括圆台、棱台和异形锥台）。

单击【挤出曲面成锥状】按钮，选取要挤出的曲面后右击或按 Enter 键确认，再沿着指定的方向挤出一定距离后单击，自动完成台体的创建。

在命令行的提示中，【拔模角度（R）】选项用于设置台体的锥度，拔模角度不能为 0，如图 4-30 所示。【角（C）】选项用于设置台体（主要是棱台）的棱边形状，包括锐角、圆角和平滑 3 种。【至边界（T）】选项用于指定台体的顶面位置。【实体（S）】选项设为【是】时挤出的是实体（设为【否】时则挤出的是曲面）。【设定基准点（B）】选项用于设置挤出的起始点，设定基准点后，将从基准点开始挤出曲面。

图 4-30

四、沿着曲线挤出曲面

利用【沿着曲线挤出曲面】命令可将要挤出的曲面沿着路径挤出而建立实体，这种建立实体的操作也被称为"扫掠"或"扫描"，如图 4-31 所示。

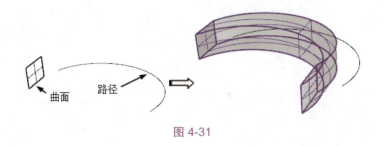

图 4-31

4.2.2 挤出曲线形成实体

使用挤出曲线形成实体工具可以将曲线作为截面轮廓沿路径或方向进行挤出而得到实体。下面介绍挤出曲线形成实体的相关工具。

- 【挤出封闭的平面曲线】：将封闭的平面曲线挤出形成实体（如果是开放的曲线，则形成曲面），如图 4-32 所示。
- 【挤出曲线至点】：将封闭的曲线挤出至一点，形成锥体（如果是开放的曲线，则形成锥形面），如图 4-33 所示。

图 4-32　　　　　　　　　　　　　　图 4-33

- 【挤出曲线成锥状】🔲：将封闭的曲线挤出，形成有一定坡度（拔模斜度）的台体，如图 4-34 所示。
- 【沿着曲线挤出曲线】🔲：将封闭的曲线沿路径进行扫掠而得到实体，如图 4-35 所示。

图 4-34　　　　　　　　　　　　　　图 4-35

- 【以多重直线挤出成厚片】🔲：以封闭或开放的多重曲线作为截面进行拉伸而得到具有一定厚度的薄壁实体，如图 4-36 所示。

图 4-36

- 【凸毂】🔲：将封闭的平面曲线沿法线方向挤出至边界曲面，并与边界曲面组合成多重曲面，如图 4-37 所示。

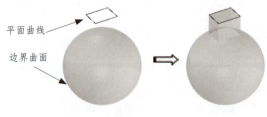

图 4-37

- 【肋】🔲：先将曲线横向挤出成曲面，再将曲面往边界物件方向挤出，与边界物件相交，如图 4-38 所示。肋就是机械零件中的"加强筋"。

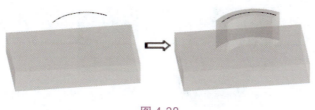

图 4-38

4.3 布尔运算工具

在 Rhino 中，使用布尔运算工具可以从两个或两个以上实体对象创建联集对象、差集对象、交集对象和分割对象。

一、布尔运算联集

【布尔联集运算】命令 是一个非常重要的几何运算命令，用于将两个或多个物体合并成一个单一的物体。这个命令常用于处理由多个简单几何体构成的复杂物体，使它们融合成一个整体。

联集运算操作很简单，在【实体工具】标签中单击【布尔运算联集】按钮 ，选取要求和的多个曲面（实体），右击或按 Enter 键后即可自动完成组合，如图 4-39 所示。

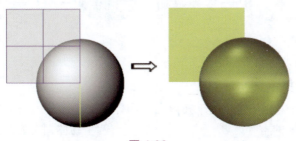

图 4-39

> **提示**：Rhinoceros 边栏中的【组合】命令与【布尔运算联集】命令的相同之处是都可以求和曲面；不同之处是，【组合】命令只能组合曲线或曲面，不能组合实体，而【布尔运算联集】命令只能组合实体或单独曲面，不能组合曲线。

二、布尔运算差集

【布尔差集运算】命令 是用于从一个物体中减去另一个物体的几何运算工具。简单来说，它通过从一个物体中减去与另一个物体相交的部分，产生一个新的物体。

在【实体工具】标签中单击【布尔运算差集】按钮 ，先选取要保留的对象，右击后再选取要减去的其他对象，最后右击完成布尔差集运算，如图 4-40 所示。

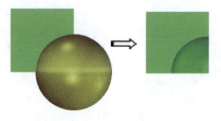

图 4-40

> 提示：在创建布尔运算差集对象时，必须先选择要保留的对象。

例如，从第一个选择集中的对象减去第二个选择集中的对象，然后创建一个新的实体（或曲面），操作方法如图 4-41 所示。

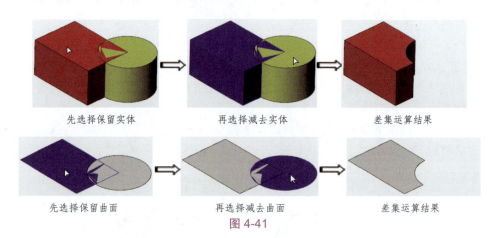

先选择保留实体　　　　再选择减去实体　　　　差集运算结果

先选择保留曲面　　　　再选择减去曲面　　　　差集运算结果

图 4-41

三、布尔运算相交

【布尔运算相交】命令 ◎ 用于找出两个物体的交集部分，结果是一个新的物体，包含两个物体之间的重叠区域。这意味着，只有两个物体相交的部分会被保留下来，其他部分将被删除。

在【实体工具】标签中单击【布尔运算相交】按钮 ◎，先选取第一个对象，右击后再选取第二个对象，最后右击完成相交运算，如图 4-42 所示。

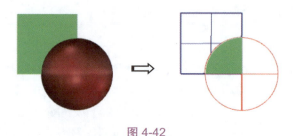

图 4-42

四、布尔运算分割

【布尔运算分割】命令用于从一个物体中切割出另一个物体的部分，产生一个新的物体。简单来说，该命令可以通过将一个物体从另一个物体中切割出来进而创建复杂的几何形状。此命令不同于【布尔差集运算】命令，它不是去除交集部分，而是把目标物体沿着与另一个物体的交线或交面分割成多个部分。

在【实体工具】标签中单击【布尔运算分割】按钮，先选取要分割的对象，右击后再选取切割用的对象，最后右击完成分割运算，如图4-43所示。

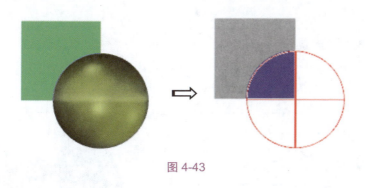

图 4-43

4.4 编辑实体

在 Rhino 中，编辑实体是用于修改和操控实体模型的常见操作。通过编辑实体的相关命令，用户可对现有实体进行形状修改、合并、分割、移动、抽离、偏移、摺叠等精细的编辑操作，以便更好地实现设计目标。

编辑实体的命令在【实体工具】标签中，如图4-44所示。

图 4-44

4.4.1 洞（孔）命令

Rhino 中的"洞"就是机械工程中常见的孔。在【实体工具】标签中用于创建洞的相关命令如图4-45所示。

一、建立圆洞

利用【建立圆洞】命令可以建立自定义的孔。零件上的圆孔示例如图4-46所示。

图 4-45

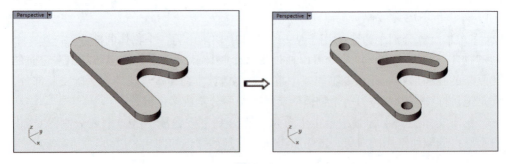

图 4-46

二、建立洞 / 放置洞

利用【建立洞】命令（单击 按钮）可将封闭曲线以直线挤出，最终在实体或多重曲面上挖出一个孔，如图 4-47 所示。

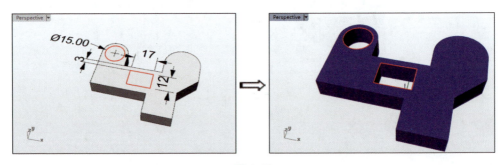

图 4-47

利用【放置洞】命令（右击 按钮）通过选取已有的封闭曲线或者孔边缘，将其放置到新的曲面位置上来重建孔，如图 4-48 所示。

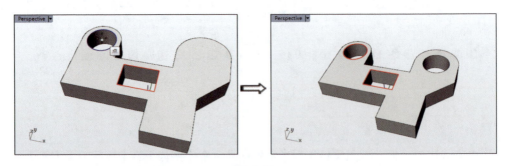

图 4-48

三、旋转成洞

利用【旋转成洞】命令 可创建异型孔，可以将其理解为在对象上进行旋转切除操作，旋转截面曲线为开放的曲线或者封闭的曲线，如图 4-49 所示。

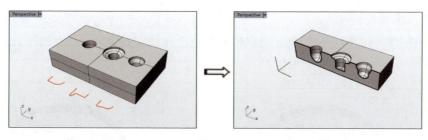

图 4-49

四、将洞移动 / 复制一个平面上的洞

利用【将洞移动】命令（单击 按钮）可以将创建的孔移动到曲面上的新位置，如图 4-50 所示。

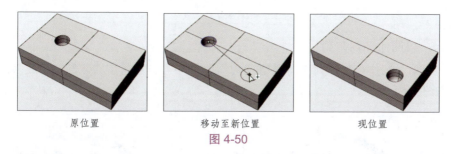

原位置　　　　　　　　移动至新位置　　　　　　　　现位置

图 4-50

> **提示**：【将洞移动】命令适用于利用孔工具建立的孔，以及利用布尔运算差集得到的孔。在从图形创建挤出实体产生的孔时，不能使用此命令进行操作，如图 4-51 所示。

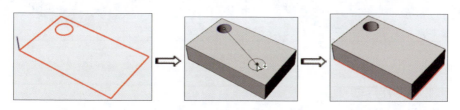

图 4-51

利用【复制一个平面上的洞】命令（右击 按钮）可以复制孔，如图 4-52 所示。

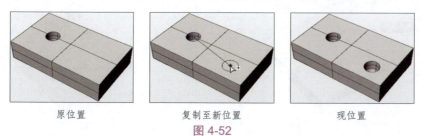

原位置　　　　　　　　复制至新位置　　　　　　　　现位置

图 4-52

第4章 实体造型设计

五、将洞旋转

单击【将洞旋转】按钮 ，可以将平面上的孔绕着指定的中心点旋转。旋转时可以设置是否复制孔，如图 4-53 所示。

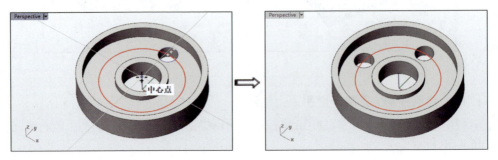

图 4-53

六、以洞作环形阵列

利用【以洞作环形阵列】命令 可以绕阵列中心点进行旋转复制，生成多个副本，如图 4-54 所示。

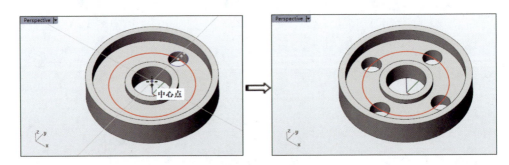

图 4-54

七、以洞作阵列

利用【以洞作阵列】命令 可将孔作矩形或平行四边形阵列，如图 4-55 所示。

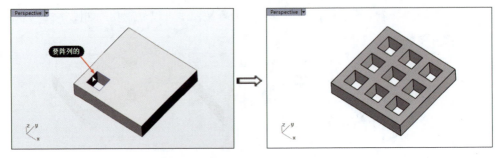

图 4-55

八、将洞删除

利用【将洞删除】命令 ![icon] 可删除不需要的孔，如图 4-56 所示。

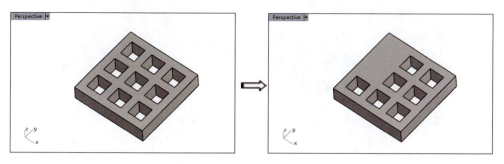

图 4-56

4.4.2 倒角工具

倒角工具也在【实体工具】标签中。

一、边缘圆角

利用【边缘圆角】命令 ![icon] 可在多重曲面或实体边缘上创建不等距的圆角曲面，修剪原来的曲面并将其与圆角曲面组合在一起。

【边缘圆角】命令 ![icon] 与【曲面工具】标签中的【曲面圆角】命令 ![icon] 相比，共同之处是都能对多重曲面和实体倒圆角。不同之处在于，【边缘圆角】命令 ![icon] 仅对实体倒圆角而不能对曲面倒圆角；而【曲面圆角】命令 ![icon] 不仅对曲面倒圆角，还能对实体倒圆角（但也仅仅针对实体上的两个面，并非整个实体），如图 4-57 所示。

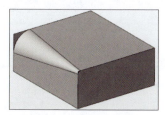
利用【曲面圆角】倒圆角实体

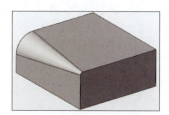
利用【边缘圆角】倒圆角实体

图 4-57

二、边缘斜角

利用【边缘斜角】命令 ![icon] 可在多重曲面或实体边缘上创建不等距的斜角曲面，修剪原来的曲面并将其与斜角曲面组合在一起。

【边缘斜角】命令 ![icon] 与【曲面工具】标签中的【曲面斜角】命令 ![icon] 相比，共同之处是都能对多重曲面和实体倒斜角。不同之处在于，【边缘斜角】命令 ![icon] 仅针对实体而不能对曲面倒斜角；而利用【曲面斜角】命令 ![icon] 不仅能对曲面倒斜角，还能对实体倒斜角（但也仅仅针对实体上的两个面，并非整个实体），如图 4-58 所示。

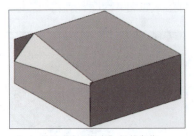
利用【曲面斜角】倒斜实体

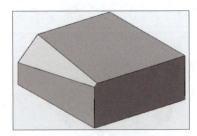
利用【边缘斜角】倒斜实体

图 4-58

4.4.3 线切割

利用【线切割】命令 可通过开放或封闭的曲线切割实体。线切割示例如图 4-59 所示。

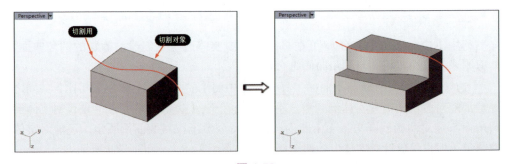

图 4-59

4.4.4 将面移动

利用【将面移动】命令 可通过移动面来修改实体，如图 4-60 所示。如果用来修改曲面，该命令仅仅移动曲面，不会生成实体。

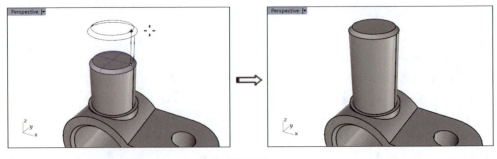

图 4-60

4.4.5 自动建立实体

利用【自动建立实体】命令 ⬚ 可选取封闭的曲面或多重曲面来建立实体，如图 4-61 所示。

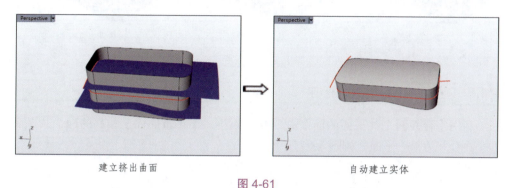

建立挤出曲面　　　　　　　　　自动建立实体

图 4-61

4.4.6 将平面洞加盖

只要曲面上的孔边缘在平面上，都可以利用【将平面洞加盖】命令 ⬚ 自动修补平面孔，并自动组合成实体，如图 4-62 所示。

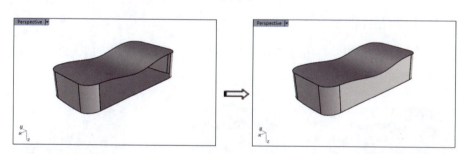

图 4-62

如果孔边缘不在平面上，将不能加盖，在命令行中有相关失败提示，如图 4-63 所示。

4.4.7 抽离曲面

利用【抽离曲面】命令 ⬚ 可将实体中选中的曲面剥离，实体转变为曲面。抽离的曲面可以删除，也可以进行复制。

在【实体工具】标签中单击【抽离曲面】按钮 ⬚，选取实体中要抽离的曲面，右击即可完成曲面抽离，如图 4-64 所示。

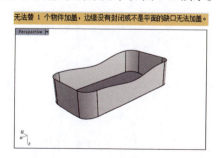

图 4-63

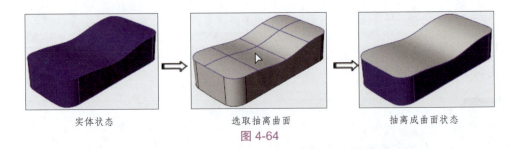

| 实体状态 | 选取抽离曲面 | 抽离成曲面状态 |

图 4-64

4.4.8 合并两个共平面的面

利用【合并两个共平面的面】命令 可以将一个多重曲面上相邻的两个共平面的平面合并为单一平面，如图 4-65 所示。

图 4-65

4.4.9 取消边缘的组合状态

【取消边缘的组合状态】命令 用于将实体边缘的组合状态取消，目的是让实体分离成多重曲面，如图 4-66 所示。

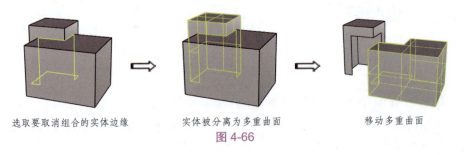

| 选取要取消组合的实体边缘 | 实体被分离为多重曲面 | 移动多重曲面 |

图 4-66

> **提示**：无论选取的实体边缘是封闭曲线还是开放曲线，实体均会被分离成多重曲面。若选取的实体边缘是封闭曲线，分离后形成的多重曲面能够进行移动；若选取的实体边缘是开放曲线，则分离后形成的多重曲面将无法移动。

4.4.10 打开实体物件的控制点

在【曲线工具】标签或【曲面工具】标签中，利用【打开控制点】命令 可以编辑曲线或曲面的形状。而在【实体工具】标签中，可利用【打开实体物件的控制点】命令 编辑实体的形状。

利用【打开实体物件的控制点】命令 打开的是实体边缘的端点，每个点都具有 6 个自由度，表示可以往任意方向变动位置，从而达到编辑实体形状的目的，如图 4-67 所示。

图 4-67

在前面所介绍的体素实体中，除了球体（或椭球体）不能利用【打开实体物件的控制点】命令 进行编辑，其他体素实体都可以。

要想编辑球体（或椭球体），可以利用【曲线工具】标签中的【打开控制点】命令 ，或者在菜单栏中执行【编辑】/【控制点】/【开启控制点】命令来编辑。编辑椭球体的示例如图 4-68 所示。

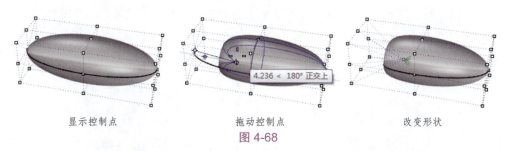

图 4-68

4.4.11 移动边缘

利用【移动边缘】命令 可通过移动实体的边缘来编辑形状。选取要移动的边缘并移动边缘的端点，边缘所在的曲面将随之改变，如图 4-69 所示。

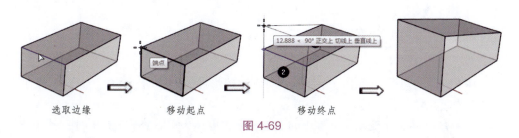

图 4-69

4.4.12　将面分割

利用【将面分割】命令 可分割实体平面，如图 4-70 所示。

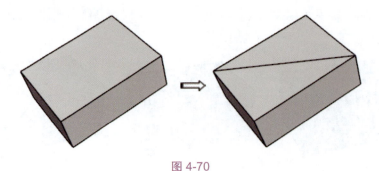

图 4-70

> **提示**：该命令虽然分割了实体的面，却没有改变实体的性质。曲面不能使用此命令进行分割，可使用 Rhinoceros 边栏中的【分割】命令进行分割。

如果需要合并平面上的多个面，就利用【合并两个共平面的面】命令 。

4.4.13　将面摺叠

利用【将面摺叠】命令 可以将多重曲面中的面沿着指定的轴切割并绕轴旋转，如图 4-71 所示。

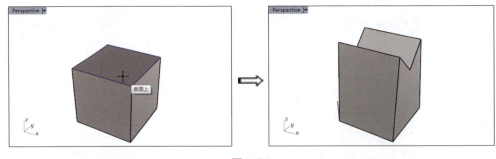

图 4-71

■ 4.5　实体变换操作

在 Rhino 的建模过程中，经常需要对创建的物件进行移动、缩放、旋转等操作，以使它满足尺寸、位置等方面的要求。

图 4-72 所示为【变动】标签中的变动命令（也称为实体变换工具）。在实体边栏

中也能找到相同的变动命令。

图 4-72

常见的变动命令包括移动、复制、旋转、缩放、倾斜、镜像、阵列等。

4.5.1 移动

利用【移动】命令可以将物件（也称为对象）从一个位置移动到另一个位置。Rhino 中的物件包括点、线、面、网格和实体。

单击【变动】标签中的【移动】按钮，选择物件，右击或按 Enter 键确认操作。接着在视窗中任选一点作为移动的起点，这时物件就会随着鼠标指针的移动而不断地变换位置，当被操作物件移动到所需要的位置时单击确认移动即可，如图 4-73 所示。

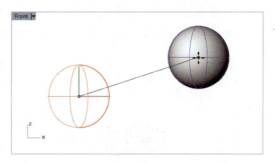

图 4-73

> **提示**：如需准确定位，可以在寻找移动起点和终点的时候按住 Alt 键，打开物件锁点对话框并勾选所需捕捉的点。

在 Rhino 中还有另外两种移动物件的方式，分别介绍如下。

一、直接移动物件

在视窗中选中物件后按住鼠标左键并拖动物件，将物件移动到一个新的位置后再松开左键，如图 4-74 所示。

如果在拖动过程中按住 Alt 键，就可以创建一个副本，等同于复制功能，如图 4-75 所示。

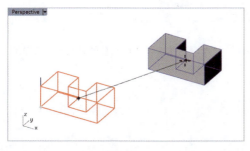

图 4-74

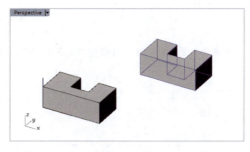

图 4-75

> **提示**：与执行【移动】命令进行移动不同的是，直接移动物件不能精确定位。

二、按组合快捷键进行移动

在视窗中选中物件，然后按住 Alt 键，物件会随着按↑、↓、←或→键在该视窗的 x 轴、y 轴上移动，也会随着按 Page Up 或 Page Down 键在 z 轴上移动。

4.5.2 复制

单击【变动】标签中的【复制】按钮，首先选中要复制的物件，按 Enter 键或右击确认。然后选择一个复制起点，此时视窗中会出现一个随着鼠标指针移动的物件预览效果。移动到所需放置的位置后单击确认。最后按 Enter 键或右击结束操作。重复操作可进行多次复制，如图 4-76 所示。

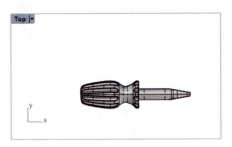 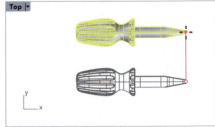

图 4-76

在鼠标执行移动操作时可配合物件锁点中的捕捉命令，从而实现被复制物件的精确定位及复制操作，如图 4-77 所示。

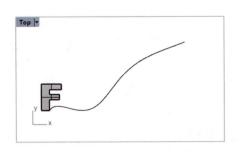 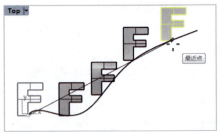

图 4-77

> **提示**：移动和复制物件时都可以通过输入坐标来确定一个位置，从而使移动和复制的位置更准确。

4.5.3 旋转

旋转物件的命令有两个：【2D 旋转】和【3D 旋转】。单击【2D 旋转】按钮，可进行 2D 旋转操作；右击【3D 旋转】按钮，可进行 3D 旋转操作，如图 4-78 所示。

图 4-78

> **注意**：如果将鼠标指针放置在工具图标上停留一会儿，就可以看到该工具的提示信息。

在当前视窗中进行旋转的操作方法是：激活【2D 旋转】命令，选取要旋转的物件并右击确定；然后依次选择旋转中心点、第一参考点（角度）和第二参考点，完成自动旋转，如图 4-79 所示。

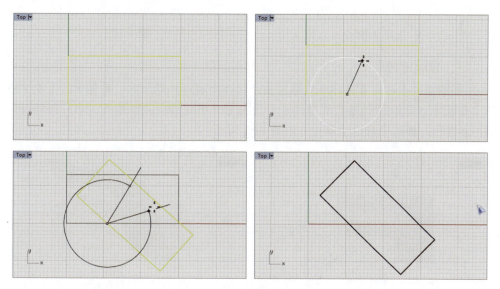

图 4-79

> **提示**：也可在选定中心点之后，在命令行中输入旋转的角度，然后右击确定，直接完成旋转。其中正值代表逆时针旋转，负值代表顺时针旋转。旋转轴为当前视窗的垂直方向。

4.5.4 缩放

长按【变动】标签中的【三轴缩放】按钮，弹出【缩放】工具列。【缩放】工具列中包含 5 个缩放工具，如图 4-80 所示。

图 4-80

一、三轴缩放

利用【三轴缩放】命令，可在 x、y、z 3 个轴向上以相同的比例缩放选取的物件，如图 4-81 所示。

二、二轴缩放

【二轴缩放】命令 适用于物件仅在工作平面的 x、y 轴向上缩放，而不会整体缩放。首先单击【二轴缩放】按钮 ，选取进行缩放的物件并右击确定，然后依次放置基点、第一参考点与第二参考点，即可完成自动缩放，如图 4-82 所示。

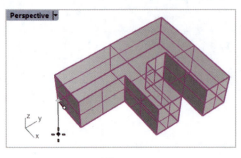

图 4-81　　　　　　　　　　　　　　　　图 4-82

三、单轴缩放

【单轴缩放】命令 适用于选取的物件仅在指定的轴向缩放。首先单击【单轴缩放】按钮 ，选取进行缩放的物件并右击确定，然后依次放置基点、第一参考点与第二参考点，即可完成自动缩放，如图 4-83 所示。

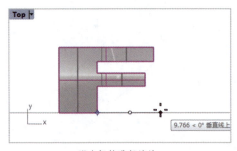
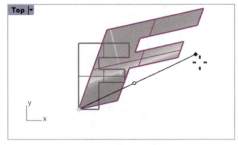

沿坐标轴进行缩放　　　　　　　　　　　沿任一轴向进行缩放

图 4-83

四、不等比缩放

【不等比缩放】命令 用于物件的不等比例缩放，操作时只有一个基点，并需要分别设置 x、y、z 3 个轴向的缩放比例，相当于进行了 3 次单轴缩放，如图 4-84 所示。

> **提示**：不等比缩放的使用较烦琐，它需要分别确定 x、y、z 3 个轴向的缩放比例。如果掌握了前面几个工具的使用方法，这个工具自然也很容易理解。与缩放相关的两大因素是基点和缩放比例。在很多时候，基点的位置决定了缩放结果是否让人满意。

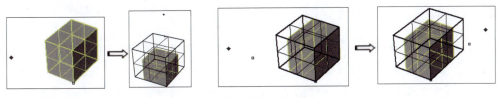

图 4-84

五、在定义的平面上缩放

【在定义的平面上缩放】命令 适用于自定义平面，且物件在平面上进行 x 轴及 y 轴或任意角度的缩放。图 4-85 所示为在指定平面的 y 轴方向上缩放。

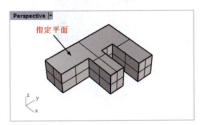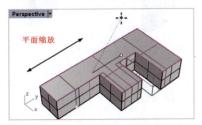

图 4-85

4.5.5 倾斜

利用【倾斜】命令 可使物件在原有的基础上产生一定的倾斜变形。
创建倾斜的操作步骤如下。

（1）在视窗中建立一个长方体。
（2）选择物件，单击【变动】标签中的【倾斜】按钮 。
（3）在视窗中选择一个基点，然后选择第一参考点。此时物件的倾斜角度会随着鼠标的移动而发生变化，如图 4-86 所示。

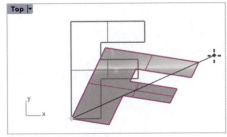

图 4-86

（4）将物件移动到所需位置，单击确认倾斜。或者在命令行中输入倾斜角度并按 Enter 键确认。

4.5.6 镜像

【镜像】命令的主要功能是对物件进行关于参考线的对称复制操作。

首先选择要镜像的物件，单击【变动】标签中的【镜像】按钮，在视窗中选择一个镜像平面起点；然后选择镜像平面终点，则生成的物件与原物件关于起点与终点所在的直线对称，如图 4-87 所示。

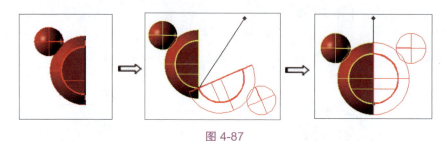

图 4-87

4.5.7 阵列

阵列是 Rhino 建模中非常重要的操作之一。阵列工具包括矩形阵列、环形阵列、沿曲线阵列、在曲面上阵列、沿着曲面上的曲线阵列和直线阵列。

长按【变动】标签中的【阵列】按钮，可弹出【阵列】工具列，如图 4-88 所示，下面介绍常用的阵列命令。

图 4-88

一、【矩形阵列】

利用【矩形阵列】命令可将一个物件进行矩形阵列，即以指定的列数和行数摆放物件副本，如图 4-89 所示。

图 4-89

> 提示：当我们想要进行 2D 阵列时只要将其中任意轴上的副本数设置为 1 即可。

二、【环形阵列】

利用【环形阵列】命令可将物件进行环形阵列，即以指定数目的物件围绕中心点复制摆放，如图 4-90 所示。

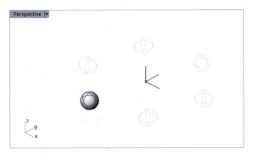
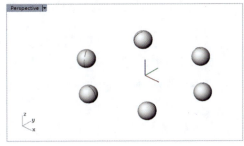

图 4-90

三、【沿曲线阵列】

利用【沿曲线阵列】命令 可使物件沿曲线复制排列，同时会随着曲线扭转，如图 4-91 所示。

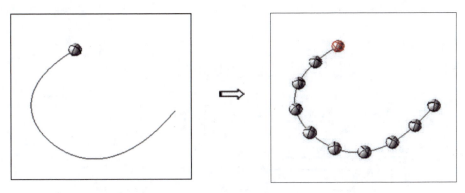

图 4-91

四、【在曲面上阵列】

利用【在曲面上阵列】命令 可让物件在曲面上阵列，并以指定的列数和行数摆放物件副本，物件会以曲线的法线方向做定位进行复制操作，如图 4-92 所示。

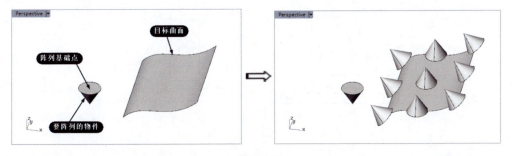

图 4-92

> **提示**：当要做阵列的物件不在曲线或曲面上时，物件沿着曲线或曲面阵列之前必须先被移动到曲线上，而基准点通常会被放置于物件上。

五、【沿着曲面上的曲线阵列】

利用【沿着曲面上的曲线阵列】命令 可通过沿着曲面上的曲线以等距离摆放物件副本，阵列物件会依据曲面的法线方向定位，如图 4-93 所示。

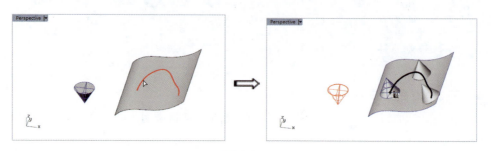

图 4-93

4.6 综合案例：创建轴承支架

轴承支架零件的二维图形及实体模型如图 4-94 所示。

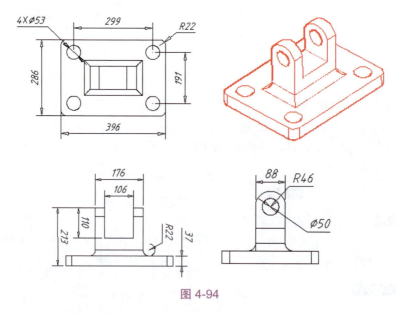

图 4-94

1. 新建 Rhino 文件。

2. 利用曲线绘制边栏中的【单一直线】命令，在 TOP 视窗中绘制两条相互垂直的直线，并利用【出图】标签中的【设定线型】命令将其转换成虚线，如图 4-95 所示。

3. 在菜单栏中执行【实体】/【立方体】/【底面中心点、角、高度】命令，创建长、宽、高分别为 396、286、37 的长方体，如图 4-96 所示。

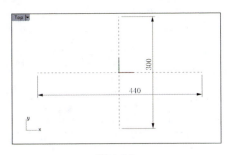

图 4-95

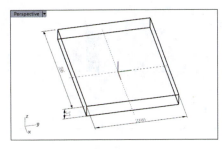

图 4-96

4. 利用【圆柱体】命令，创建直径为 53 的圆柱体，如图 4-97 所示。

5. 利用【镜像】命令，将圆柱体镜像，如图 4-98 所示。

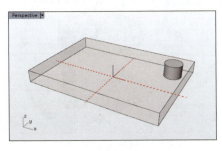

图 4-97

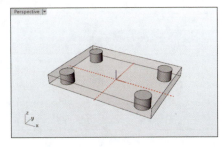

图 4-98

6. 利用【布尔运算差集】命令，从长方体中减去 4 个圆柱体，如图 4-99 所示。

7. 单击【边缘圆角】按钮，选取长方体的 4 条竖直棱边进行圆角处理，且半径为 22，建立的圆角如图 4-100 所示。

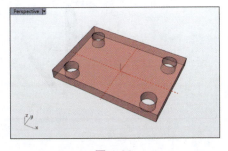

图 4-99

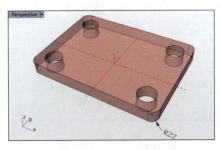

图 4-100

8. 在菜单栏中执行【实体】/【立方体】/【底面中心点、角、高度】命令，创建长、宽、高分别为 176、88、213 的长方体，如图 4-101 所示。

9. 利用【圆：中心点、半径】命令、【多重直线】命令和【修剪】命令，在 RIGHT 视窗中绘制图 4-102 所示的曲线。

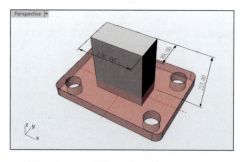

图 4-101

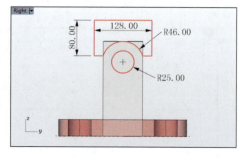

图 4-102

10. 利用【挤出封闭的平面曲线】命令，选取步骤 9 绘制的曲线创建挤出实体，如图 4-103 所示。

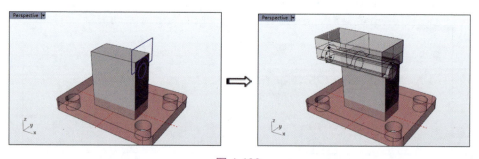

图 4-103

11. 利用【布尔运算差集】命令，进行差集运算，得到图 4-104 所示的结果。
12. 利用【布尔运算联集】命令，将两个实体求和，得到图 4-105 所示的结果。

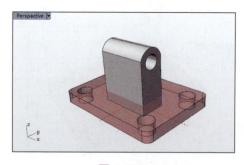

图 4-104

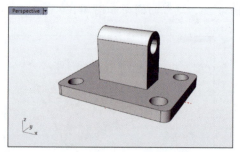

图 4-105

13. 利用【多重直线】命令 ⚙，在 FRONT 视窗中绘制图 4-106 所示的曲线。

14. 利用【挤出封闭的平面曲线】命令 ⚙，选取步骤 13 绘制的曲线创建挤出实体，如图 4-107 所示。

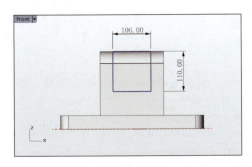

图 4-106

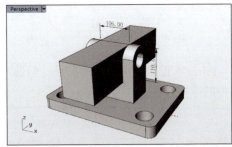

图 4-107

15. 利用【布尔运算差集】命令 ⚙，进行差集运算，得到图 4-108 所示的结果。

16. 利用【边缘圆角】命令 ⚙，创建图 4-109 所示的半径为 22 的圆角。

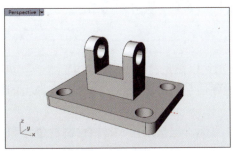

图 4-108

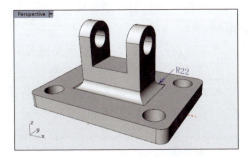

图 4-109

17. 最后将结果保存，完成轴承支架的创建。

第 5 章 AI 辅助产品方案设计

AI 技术正广泛应用于产品设计的各个环节，本章主要介绍 AI 在辅助产品方案设计中的应用方法。

■ 5.1 利用百度 AI 生成产品研发方案

产品研发方案是指为开发新产品或改进现有产品而制订的详细计划。它涵盖从概念设计到实际制造的所有阶段，包括设计、开发、测试、制造和上市等。产品研发方案的目标是确保产品在满足市场需求的同时，具有良好的功能性、质量、效益和可制造性。

产品研发方案通常包括以下关键元素。
- 需求分析：明确产品的功能和性能要求，以满足目标市场的需求。
- 概念设计：生成多个初步设计方案，评估它们的优缺点，选择最有潜力的设计方案。
- 详细设计：深入设计所选方案的各个方面，包括结构、材料、制造过程和用户界面等。
- 原型开发：制作实物样品或虚拟原型，用于测试和验证设计的可行性。
- 测试和验证：进行各种测试，以确保产品符合性能、质量和安全等标准。
- 制造计划：确定生产过程，制订生产计划，并估算生产成本。
- 市场推广计划：制定市场推广策略，包括定价、销售渠道和营销活动等。
- 项目管理：规划项目进度、资源分配和风险管理。
- 反馈和改进：根据测试结果和市场反馈不断改进产品设计。

产品研发方案的成功与否将直接影响产品的市场表现和商业价值。因此，它需要仔细规划和跟踪，以确保产品在各个阶段都满足预期目标。

在本节中，我们将利用 AI 工具，完成产品研发方案的前期部分，包括产品方案的制作、需求分析、概念设计等。

5.1.1 制作产品研发（文本）方案

文心一言是百度开发的一款基于深度学习技术的大语言模型。该模型可以生成方案文本，也可以按照用户要求生成产品图。下面我们就以一个人工智能语音聊天的小音响为例，详解产品研发方案制作的全流程。

【例5-1】利用AI工具制作产品研发方案。

目前，我们对这款产品没有做任何前期准备工作，也就是对产品的定义及用途一无所知，接下来让文心一言为我们提供帮助。

1. 在百度首页的左上方选择【更多】/【查看全部百度产品】选项进入"百度产品大全"页面，再选择【文心一言】产品，如图5-1所示。

图5-1

2. 新用户使用文心一言时，需要注册账号。账号注册成功后打开文心一言主页，如图5-2所示。

图5-2

> **提示**：文心3.5、文心4.0Turbo、文心4.5和文心X1大模型目前已全面开放且完全免费，尤其是文心X1大模型具备深度思考能力。

3. 首先确定市场需求（也就是市场调研）。在文心一言的聊天信息文本框中输入信息并发送后，文心一言会自动生成近千字的市场调研报告文本，如图5-3所示。

第 5 章　AI 辅助产品方案设计

图 5-3

> **提示**：如果用户还不会向文心一言提出相关的问题或建议（AI 中称为"提示词"），可以在左侧边栏中选择【创意写作】选项，然后在【创意写作】类别中选择【策划方案】选项，用户可根据自己的想法对提示词进行填充，如图 5-4 所示。

图 5-4

4. 接下来在聊天信息文本框中输入信息并发送后，文心一言会快速生成所需文案，如图 5-5 所示。

5.1 利用百度 AI 生成产品研发方案

图 5-5

5. 这个文案仅是比较中肯的研发思路。我们希望它进一步生成切实有效的产品设计方案，因此在底部的聊天信息文本框中再输入信息并发送，文心一言随即生成产品设计方案，如图 5-6 所示。

图 5-6

6. 如果对这次生成的产品设计方案不太满意，可单击 重新生成 按钮重新生成方案，如图 5-7 所示。

图 5-7

7. 将市场调研报告、产品研发方案和产品设计方案的文本一一复制，分别保存并形成文字报告。

5.1.2　制作产品概念图

本小节利用文心一言来制作产品概念图。

【例 5-2】利用文心一言制作产品概念图。

1. 首先，根据产品设计方案让文心一言帮我们生成产品概念图。在聊天信息文本框输入图像生成的基本要求，如图 5-8 所示。

图 5-8

2. 发送信息后，文心一言自动生成 4 张图像，如图 5-9 所示。若对此概念图不满意，可单击下方的【重新生成】按钮重新生成图像，重新生成的概念图如图 5-10 所示。当然还可继续生成，直到符合我们的要求为止。

图 5-9

图 5-10

> **提示**：AI 生成的文本和图像都是唯一的，所以读者在操作自己计算机时演示的结果与书中演示的结果不相同。

3. 确定好一张产品概念图之后，右击图像并选择【复制图像】命令，将其保存在产品方案文档中。

4. 接着尝试让文心一言生成产品手绘线稿图，如图 5-11 所示。

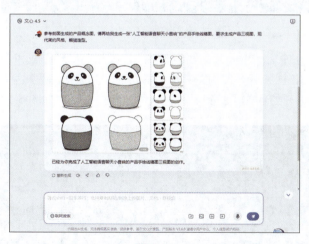

图 5-11

5.2 利用 Midjourney 制作产品设计方案图

Midjourney 也是一款基于 AI 技术的文生图像工具，能够根据用户提供的简单文字描述生成多种风格和质量的图像。用户可以对这些图像进行评价,让 Midjourney 进一步优化和改进,直到最终达到要求。使用 Midjourney 是付费的,新会员可以领取一天的试用权限。

5.2.1 Midjourney 中文站

国内用户可使用 Midjourney 中文站的 AI 功能。Midjourney 中文站的首页如图 5-12 所示。

图 5-12

在 Midjourney 中文站中,用户可以使用 MJ 模型、MX 模型和 D3 模型来创作图像,还可以创建 AI 视频,并使用工具箱中的功能来完成作品编辑。

在首页单击【开始创作】按钮,可进入图像创作页面,如图 5-13 所示。

图 5-13

5.2.2　Midjourney 的提示词

提示词是用户和 AI 进行交流的常用语言，是使用 Midjourney 等文生图像工具的核心所在。提示词是用户输入的文字描述，系统会根据这些文字生成相应的图像。

一、提示词的基本要点

提示词的内容关乎最终生成图像的质量和效果，其要点如下。

- 首先，提示词应该尽可能地具体、生动和丰富。例如"一个苹果"这样简单的描述是不够的，而"一个多汁的红色苹果，挂在果树上，被阳光照耀，散发诱人的香气"的描述不仅包含了视觉元素，还添加了味觉元素，可以帮助系统生成更具有感染力的图像。
- 其次，提示词中可以加入风格关键词，来指定生成图像的艺术风格。例如"一个写实主义风格的红色苹果""一个印象派风格的红色苹果"等。这样可以让系统生成符合特定艺术流派的图像效果。
- 再次，提示词中还可以加入一些技巧性的修饰词，来微调图像的细节效果。例如"高质量的""细节丰富的""栩栩如生的"等。这些词可以帮助系统生成更精致、生动的图像。
- 最后，提示词的长度也很重要。过于简单的词语无法充分传递创意，而过于复杂的句子又可能会让系统难以理解。通常来说，10～20 个词的提示词可以达到较佳效果。

二、提示词中的关键词提炼

在 Midjourney 中，基于产品方案设计的提示词，主要涉及二维插画与三维立体这两种主要表现形式。为了生成用户所期望的图像，以下 3 个方面能够为用户提供有效的帮助。

（1）主题描述。

在描述场景、故事或其构成要素时，需要注意物体或人物的细节和搭配。例如，动物园里有老虎、狮子、长颈鹿、大树和围栏；或者一个小女孩在森林中搭帐篷，穿着红裙子，戴着白帽子。然而，Midjourney 并不总能识别每个描述的元素。为了让 Midjourney 更准确地理解提示词，对场景中的人物应独立进行描述，避免使用长串文字，以免 Midjourney 无法识别。

例如，描述"一辆奔驰在山巅公路的红色跑车"时，最好分开描述：一辆跑车，红色，奔驰着，山巅公路。如图 5-14 所示，左图是直接描述"一辆奔驰在山巅公路的红色跑车"所生成的图像，右图是分开描述"一辆跑车，红色，奔驰着，山巅公路"所生成的图像。前者生成的图像中并没有很准确地描述出"奔驰的跑车"主题思想，生成的小轿车属于静态表现。而后者则很好地诠释了"奔驰的跑车"主题，属于动态表现。

第 5 章　AI 辅助产品方案设计

图 5-14

（2）设计风格。

有的设计师无法直接准确表达他们所需要图像的设计风格。这时我们可以寻找一些与风格相关的关键词作为参考，或者将相关的风格图片放入其中（称之为"垫图"或"喂图"），以便 Midjourney 能够结合所提供的图片风格与主题描述生成相应风格的图像。

如一些涉及玻璃、透明塑料、霓虹色彩和其他透明、反射等材质的关键词。举例来说，欲使物体表面透明而不显示其内部机械结构，可能需要加入设计师风格，如输入"游戏手柄，外壳材质为透明塑料，不显示内部机械结构，霓虹色彩渐变，漫反射，阴影效果，白色背景，未来主义风格，数字化艺术风格"提示词来生成游戏手柄，效果如图 5-15 所示。

然而，若有结构存在，物体将变得复杂而失去高级感，如输入"游戏手柄，外壳材质为透明塑料，显示内部机械结构，霓虹色彩渐变，漫反射，阴影效果，白色背景，未来主义风格，数字化艺术风格"提示词来生成游戏手柄，效果如图 5-16 所示。因此，这里涉及的关键词密集繁杂，目前，用户可针对特定风格进行"咒语测试"。

图 5-15

图 5-16

（3）画面设定。

画面设定在三维设计中扮演着至关重要的角色。它需要考虑到渲染类型和光线控制等因素，这些因素的不同将会给图像带来显著的差异。关于指令使用的高级技巧也是非常重要的。读者可以通过查阅 Midjourney 官方文档来学习如何使用这些技巧。例如，双冒号（::）是十分关键的，特别是在权重设置和信息分割时。

例如，"热狗"或者"热的狗"均指向英文描述"hot dog"，也就是说两种输入仅能生成单一食品"热狗"，如图 5-17 所示。

图 5-17

若想让 Midjourney 做出正确识别，可输入英文提示词"hot:: dog"加以区别，如图 5-18 所示。在双冒号后面添加数字可以表示权重，数字越高权重就越大，也可以设定为负数。

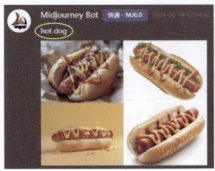

图 5-18

> **提示**：在 Midjourney 中输入中文提示词，Midjourney 会将中文提示词翻译为英文提示词之后，再执行生成操作。

三、提示词的控图技巧

要想让 Midjourney 中的提示词帮助我们获取完美的图像，需要一些控图技巧。

控图技巧主要有以下两点。

（1）提示词的万能公式。

掌握了 Midjourney 提示词的万能公式（见图 5-19），也就基本掌握了图像精确生成的关键一环。

图 5-19

- 主体：主体是图像的核心元素或焦点。它决定了图像的主要内容和视觉兴趣点。选择明确的主体可以帮助 AI 更好地理解和生成所期望的图像。例如，一只栩栩如生的老虎、一座宏伟的城堡或一位优雅的舞者，都可以作为提示词的主体。
- 媒介：媒介指的是图像表现的形式或材料。不同的媒介可以传达不同的质感和风格，如照片、绘画、插图、雕塑、涂鸦、拼贴等。
- 环境：环境是图像中主体所在的背景或场景。它可以是自然景观、城市风光、室内场景等。环境不仅为主体提供了背景，还可以增强图像的故事性和氛围。例如，"一只狼在雪地中"的环境与"一只狼在森林中"的环境会传达出完全不同的感受。
- 构图：构图是图像中各元素的排列和组织方式。良好的构图可以引导观众的视线，增强图像的视觉吸引力。常见的构图法则包括三分法、对称构图、黄金比例等。掌握构图技巧有助于创造出和谐且引人注目的图像。
- 灯光：灯光是图像中光源的设置和光线的处理。不同的灯光效果可以营造出不同的情感和氛围，如明亮的阳光、柔和的月光、戏剧性的阴影等。灯光的运用对于突出主体和增强图像的立体感非常重要。
- 风格：风格是图像表现的独特艺术特征。它可以是写实的、抽象的、卡通的、复古的等。选择特定的风格可以帮助传达特定的情感和个性，使图像更具辨识度和艺术性。
- 情绪：情绪是图像中主体或整体所表达的内在情感。它可以是快乐、悲伤、愤怒、惊讶等。通过细节和表现手法，情绪可以在图像中得到充分体现，使观众产生共鸣和感动。

（2）提示词的"咒语"。

"咒语"是魔法世界中能够引发超自然效果或力量的语言（包括短语、词组或符号等）。在 Midjourney 中，使用"咒语"可以得到更具魔力的作品。咒语是提示词的一部分，在整个提示词中扮演着非常关键的角色。

在 Midjourney 中文网站中使用 MJ 模型时，用户无须考虑"咒语"的输入，只要输入想得到的精确图像的基本需求（如输入"一座宏伟的城堡"），然后打开【自动优化咒语】开关，Midjourney 就会自动增强提示词的"咒语"魔法，从而生成效果逼真、高清的图像。而不使用【自动优化咒语】所生成的图像就像是童话世界里的场景，如图 5-20 所示。

图 5-20

原本提示词为"一座宏伟的城堡"，在经过【自动优化咒语】处理后，会得到非常完美的提示词和优美、逼真的图像效果，如图 5-21 所示。

图 5-21

5.2.3　Midjourney 辅助产品设计案例

根据不同的表现内容和表现风格，产品设计草图可分为单线表现草图、结构线表现草图、马克笔表现草图、水彩表现草图、铅笔表现草图和爆炸图式表现草图等。

Midjourney 在产品设计草图中的应用十分广泛,其核心在于如何掌握提示词的书写。

【例 5-3】利用 Midjourney 模型制作产品设计草图。

1. 在 Midjourney 中文网站主页,打开【MJ 绘画】模块,并选择【MJ6.0(真实质感)】模型作为本次案例的 AI 模型。

2. 在提示词文本框中输入提示词,选中【自动化咒语】选项,单击【提交】按钮发送提示词,如图 5-22 所示。

图 5-22

3. Midjourney 随后自动优化提示词,并按照优化后的提示词开始生成产品设计草图,默认生成 4 张图片,如图 5-23 所示。

图 5-23

从生成的产品设计草图来看，效果不是很理想，如图 5-24 所示。

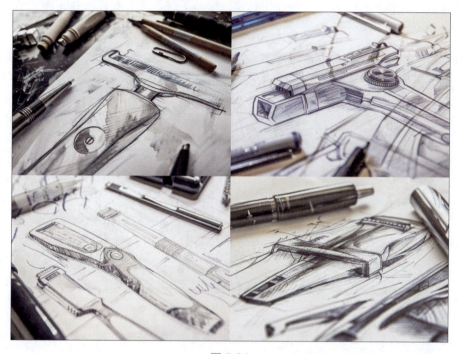

图 5-24

4. 接下来可借助 ChatGPT 帮助我们获得比较好的提示词。在 ChatGPT 中，单击【导入】按钮 ，导入本例源文件夹中的"参考图.jpg"图片文件，然后输入信息，单击【发送】按钮 后，ChatGPT 自动生成提示词，如图 5-25 所示。

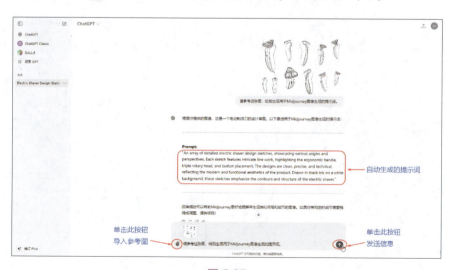

图 5-25

5. 复制英文提示词，然后粘贴到 Midjourney 中文网站【MJ 绘画】模块的提示词文本框中，取消【自动优化咒语】选项，单击【提交】按钮，开始生成产品设计草图，如图 5-26 所示。

图 5-26

6. 放大显示产品设计草图，可见其效果较之前有较大提升，如图 5-27 所示。

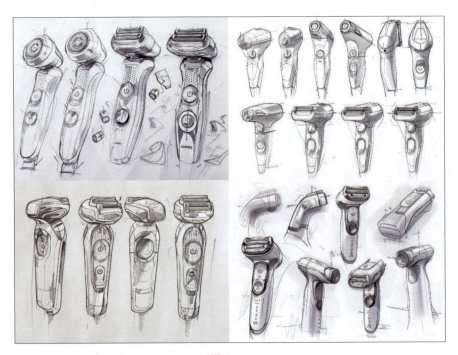

图 5-27

【例5-4】利用MX模型制作产品渲染效果图。

1. 在Midjourney中文网站中，打开【MX绘画】模块并切换到【条件生图】选项卡，操作界面如图5-28所示。

图 5-28

2. 在【上传参考图】选项组中单击 ➕ 按钮，从本例源文件夹中载入"剃须刀.jpg"图片文件。

3. 在【条件控制-ControlNet】选项组选择【线稿渲染Lineart 权重1】条件处理器。

4. 在【正向提示词-Prompt】框中输入"为剃须刀线稿图进行渲染，效果与实际产品相同"，选中【自动优化咒语】选项。

5. 在【通用底模】选项组中选中【动漫】模型。

6. 其他选项保留默认设置，单击【提交任务】按钮，开始生成产品渲染图，如图5-29所示。

图 5-29

7. 在【通用底模】选项组中选中【写实】模型。其他选项保留默认设置，单击【提交任务】按钮，生成产品渲染图，如图 5-30 所示。

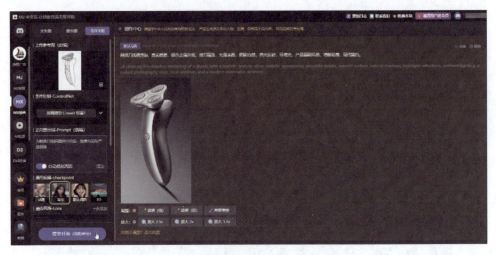

图 5-30

8. 在【通用底模】选项组中选中【默认摄影】模型。其他选项保留默认设置，单击【提交任务】按钮，生成产品渲染图，如图 5-31 所示。

图 5-31

9. 在【通用底模】选项组中选中【3D】模型。其他选项保留默认设置，单击【提交任务】按钮，生成产品渲染图，如图 5-32 所示。

5.2 利用 Midjourney 制作产品设计方案图

图 5-32

10. 从以上几种风格所生成的渲染图来看，3D 风格的效果图最能体现产品的质感，表面光反射、产品细节等最为真实。

第 6 章　AI 辅助产品造型设计

AI 辅助产品造型设计是利用 AI 技术，如机器学习和自然语言处理，为产品设计提供数据分析、用户体验改进、流程自动化、创意生成、质量控制、定制化和可持续性等方面的支持，以帮助设计者更高效、创新地设计产品，满足市场需求和用户期望。这种方法加速了产品设计和开发的过程，提高了产品质量和竞争力。本章讲解通过常用的 AI 工具帮助 Rhino 用户完成产品造型设计的方法。

6.1　利用 Shap-E 平台生成模型

基于 AI 技术的 Shap-E 平台可生成工业产品的 3D 模型。目前，Shap-E 平台尚在前期开发阶段，各项功能处于测试阶段，生成的 3D 模型效果跟实际的产品效果差别较大。因此，Shap-E 平台只能作为学习使用，不可用于实际生产。

在浏览器上打开 Shap-E 平台主页，如图 6-1 所示。新用户在使用 Shap-E 平台之前要注册一个账号。

图 6-1

Shap-E 平台有两个主要功能：文本生成 3D 模型和图像生成 3D 模型。【Text to 3D】选项卡用于从文本生成 3D 模型，而【Image to 3D】选项卡则用于从图像生成

3D 模型。在【Text to 3D】选项卡中可展开【Advanced options（高级选项）】卷展栏对生成的模型进行微调，如图 6-2 所示。

图 6-2

Shap-E 平台中【Text to 3D】选项卡各功能选项的含义介绍如下。

- 【Enter your prompt（输入提示词）】：在此文本框中输入要生成 3D 模型的提示词。比如"一只猫""一个杯子"等。提示词可以是英文或中文。
- 【Run】：单击此按钮执行指令，或者按 Enter 键确认。
- 【Advanced options】：该卷展栏包含对预览模型进行编辑的功能。
- 【Seed（种子）】：该选项可调节模型的形状与结构，好比植物的种子一样，从小到大逐渐生长。种子值越小，生成的模型形状与结构越简单，反之越复杂。此值可预设，但需要取消【Randomize seed（随机种子）】复选框的勾选。
- 【Randomize seed】：如果勾选此复选框，系统在自动生成模型时会自动设定一个 Seed 值。如果取消勾选，则按设定的 Seed 值来生成模型。
- 【Guidance scale（引导比例）】：该选项可控制模型精度。标准值为 15，其值越小，模型质量越低；值越高，模型质量越高。
- 【Number of inference steps（推理步骤数）】：该选项可设置模型生成的推理步骤数，步骤越多，其模型质量越好，但耗费的时间也随之增加。
- 【Examples（示例）】：在该选项组中有系统提供的生成 3D 模型的提示词示例。用户可以参考这些提示词来生成所需模型。提示词中所给出的信息越详细，模型就越精确。

Shap-E 目前生成的 3D 模型，其形状和结构都比较简单。如果需要更高级的 AI 生成式工具，推荐使用 Kaedim 平台，但其收费十分昂贵。

一、由文本生成 3D 模型

Shap-E 平台中由文本生成 3D 模型的方法和步骤比较简单。

【例 6-1】由文本生成 3D 模型。

1. 进入 Shap-E 平台。
2. 在提示词文本框中输入提示词"海绵宝宝"，按 Enter 键后，平台随机自动生成海绵宝宝的预览模型，如图 6-3 所示。与海绵宝宝的卡通造型（见图 6-4）相比，生成的模型差距较大。

图 6-3　　　　　　　　　　　　　　图 6-4

3. 或许是 Shap-E 平台对中文提示词的理解能力比较弱，换成英文提示词"Spongebob"后，自动生成 3D 模型，如图 6-5 所示。可以看出，这次生成的模型跟海绵宝宝的卡通造型很接近了。

4. 增加【Seed】值和【Number of inference steps】数，再单击【Run】按钮重新生成模型，如图 6-6 所示。可以发现，调整各项参数后对结果并没有产生明显改变，说明 Shap-E 平台在 AI 模型训练方面有待进一步提升。

图 6-5　　　　　　　　　　　　　　图 6-6

5. 生成 3D 模型后，可在图形区右上角单击【Download】按钮，下载模型文件。Shap-E 生成的模型文件格式为 .glb 格式，这是 AR 的文件格式。如果要导入 Rhino，就需要转换文件格式，比如 .ply 格式。此时可以使用网页端形式的 FILExt 转换器，其主页如图 6-7 所示。

图 6-7

6. 将下载的 .glb 文件直接拖到 FILExt 主页中的【选择一个文件在线分析】区域内释放。平台随后自动转换文件。在网页顶部单击【另存为】按钮，将原文件以 .ply 格式保存，如图 6-8 所示。

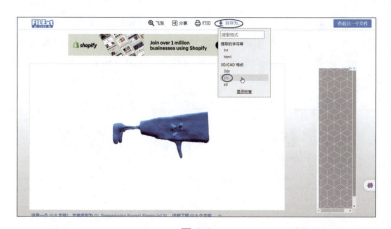

图 6-8

> **提示**：初学者学习使用时，无须注册和缴纳费用，试用即可。

7. 将保存的 .ply 文件直接拖进 Rhino 8.0 中，以"打开文件"方式导入。导入后的 3D 模型以网格的形式存在，如图 6-9 所示。

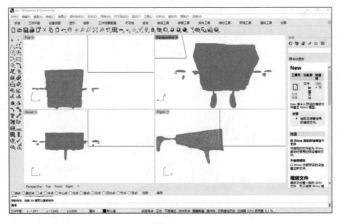

图 6-9

二、由图片生成 3D 模型

Shap-E 平台中由图片生成 3D 模型，图片的背景必须是纯色的、浅色的，参照物也要单一，比如参照物是动物，就仅限于动物本身，不能有其他装饰，避免生成的模型误差较大。

【例 6-2】由图片生成 3D 模型。

1. 在 Shap-E 平台中切换到【Image to 3D】选项卡。

2. 将本例源文件夹中的 qie.png 图像文件直接拖到图片上传区域释放，然后单击【Run】按钮。

3. 随后在下方的图形区生成 3D 模型。虽然效果还算不错，但跟原图有一定差距。展开【Advanced options】卷展栏，尝试调整各项参数，最后效果如图 6-10 所示。

4. 将 3D 模型另存为 .glb 格式文件，然后通过 Rhino 8.0 打开查看效果，如图 6-11 所示。

图 6-10

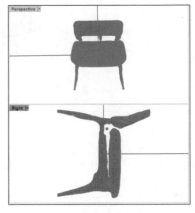

图 6-11

6.2 利用 3DFY Prompt 平台生成模型

利用 3DFY Prompt 平台可以轻松地将文本转换为高质量的 3D 模型。这些模型可用于设计视频游戏的虚拟环境，也可用于产品的原型制作。

> **提示**：3DFY Prompt 平台目前仅可生成家具、装饰件、游戏工具等模型，且处于测试阶段，需要注册账号。本节使用的是试用版，不能下载模型进行演示。

3DFY Prompt 平台的主页如图 6-12 所示。默认为英文界面，图中界面显示为中文，是网页汉化的结果。

3DFY Prompt 平台可导出 3D 格式的文件，无须格式转换。

【例 6-3】利用 3DFY Prompt 平台生成产品模型。

1. 打开 3DFY Prompt 主页。
2. 选择【沙发】选项，界面如图 6-13 所示。
3. 在提示词文本框中输入生成沙发的提示词（可输入中文、英文及其他外文）"一款中式沙发，皮革材质，自然，朴素，现代感十足"，单击【产生】按钮，平台按提示词自动生成所需的沙发模型，如图 6-14 所示。

图 6-12

图 6-13

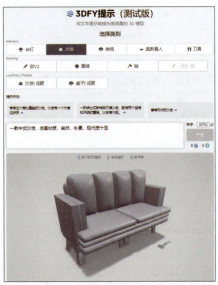

图 6-14

4. 可在图形预览区底部单击视图显示样式的切换按钮，例如【纹理】、【线框】、【紫外线预览】和【坚硬的】，查看不同的模型效果，如图6-15所示。

纹理

线框

紫外线预览

坚硬的

图 6-15

5. 单击【保存并下载】按钮，可将模型输出为其他格式文件，如图6-16所示。

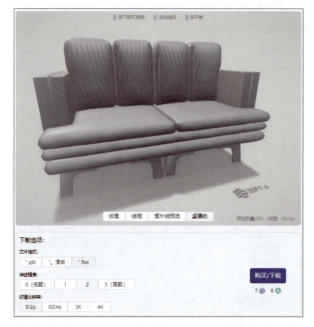

图 6-16

6.3 利用 RhinoScript 脚本建立模型

RhinoScript 是嵌在 Rhino 中的脚本编程语言，它允许用户自动建模并扩展 Rhino 的功能。

在 RhinoScript 中编辑的代码可保存为 .rvb 格式，Rhino 只执行 .rvb 格式的指令。本节我们将介绍利用 RhinoScript 脚本创建一个链条模型的过程。要创建的链条模型如图 6-17 所示。

【例 6-4】利用 ChatGPT 生成链条模型的脚本程序。

1. 为了让 ChatGPT 充分理解 RhinoScript 的脚本编写规则，能给我们提供正确的答案，需要为其设置提示词。

图 6-17

2. 在 ChatGPT 主页的右上角单击用户名，在弹出的菜单中选择【自定义 ChatGPT】命令，弹出【自定义 ChatGPT】对话框。

3. 在【您希望 ChatGPT 了解您的哪些方面以提供更好的回复？】文本框中输入以下提示词：
- 我想让你成为最专业的 RhinoScript 脚本工程师；
- 希望你给我生成的 RhinoScript 脚本代码都是正确而又完整的；
- 希望你能简要、精准地回答我提出的问题；
- 希望你能熟悉下面给出的 RhinoScript 脚本代码样本，以便生成专业代码。

4. 将本例源文件夹中的 .rvb 格式代码（一些常见的语法和函数示例）复制到文本框内，如图 6-18 所示。

5. 在【您希望 ChatGPT 如何进行回复？】文本框输入以下提示词：
- 不要每次都用简单示例来回答我的问题；
- 不要出现语法错误、函数调用错误等问题；
- 不要每次在错误地理解问题后就用抱歉之类的语言来敷衍。

6. 单击【保存】按钮保存自定义的指令，如图 6-19 所示。

图 6-18

图 6-19

7. 新建一个对话，然后在聊天信息对话框输入："生成链条模型的 RhinoScript 脚本。具体要求是：链条模型由 32 个小圆环体（主半径为 4mm，次半径为 1mm）呈环形阵列串联组成，相邻圆环体形成套环，32 个小圆环体分为 16 个水平圆环体和 16 个垂直圆环体并间隔串联，分两次生成，先生成水平圆环体再生成垂直圆环体，每一个垂直圆环体轴线所在平面与相邻的水平圆环体轴线所在平面相互垂直，水平圆环体的轴线所在平面为 Rhino 的 top 平面，每一个垂直圆环体的轴线平面都要垂直 top 平面，环形阵列直径由圆环体主半径、次半径和数量来确定。"如图 6-20 所示。

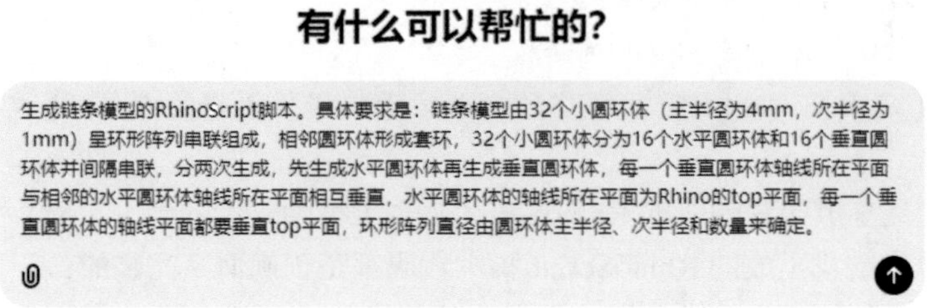

图 6-20

8. 单击【发送】按钮 发送信息后，ChatGPT 自动生成 RhinoScript 脚本，如下所示。

```
Sub CreateChain()
Dim i, j, arrCenter, arrPlane, strRing
Dim dblMainRadius, dblSubRadius, dblArrayRadius, intRingNum
Dim arrRings()

'设置参数
dblMainRadius = 4
dblSubRadius = 1
intRingNum = 32
dblArrayRadius = dblMainRadius * intRingNum / 2 / Rhino.Pi

'创建水平圆环体
For i = 0 To intRingNum / 2 - 1
    arrCenter = Array(dblArrayRadius * Cos(2 * Rhino.Pi / (intRingNum / 2) * i), dblArrayRadius * Sin(2 * Rhino.Pi / (intRingNum / 2) * i), 0)
    arrPlane = Rhino.PlaneFromNormal(arrCenter, Array(0, 0, 1))
    strRing = Rhino.AddTorus(arrPlane, dblMainRadius, dblSubRadius)
    ReDim Preserve arrRings(i)
    arrRings(i) = strRing
Next

'创建垂直圆环体
```

6.3 利用 RhinoScript 脚本建立模型

```
        For j = intRingNum / 2 To intRingNum - 1
            arrCenter = Array(dblArrayRadius * Cos(2 * Rhino.Pi / intRingNum
 * (j - intRingNum / 2) + Rhino.Pi / intRingNum), dblArrayRadius * Sin(2 *
Rhino.Pi / intRingNum * (j - intRingNum / 2) + Rhino.Pi / intRingNum), 0)
            arrPlane = Rhino.PlaneFromNormal(arrCenter, Array(-Sin(2 * Rhino.
Pi / intRingNum * (j - intRingNum / 2)), Cos(2 * Rhino.Pi / intRingNum * (j -
intRingNum / 2)), 0))
            strRing = Rhino.AddTorus(arrPlane, dblMainRadius, dblSubRadius)
            ReDim Preserve arrRings(j)
            arrRings(j) = strRing
        Next

    '合并所有圆环体
    Rhino.BooleanUnion arrRings
End Sub
Call CreateChain()
'调用主函数来生成链条模型
Call BuildChain()
```

9. 将上述代码复制。然后在 Rhino 中执行菜单栏中的【工具】/【RhinoScript】/【编辑】命令，打开【RhinoScript 编辑器】窗口。

10. 先清除代码区域中默认的代码样式，然后将前面复制的代码粘贴进来，如图 6-21 所示。

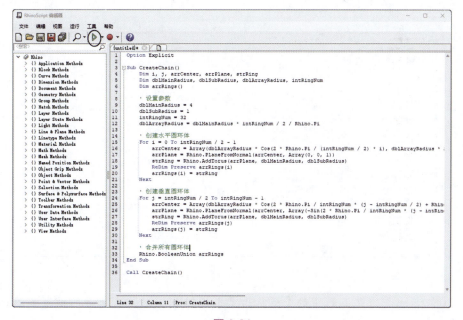

图 6-21

11. 单击标准工具栏中的【运行脚本】按钮 ▷，验证代码是否正确。如果代码正确，会自动创建模型，否则会弹出错误提示。

12. 经过验证代码，Rhino 自动创建模型，如图 6-22 所示。从结果看，虽然代码没有错误，但效果跟预期相差太大，说明 ChatGPT 对于文字的理解有所欠缺。

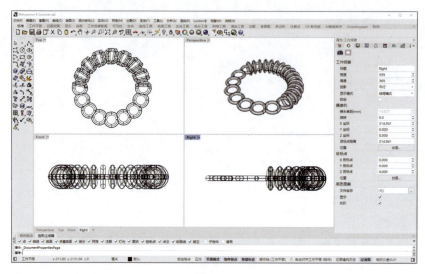

图 6-22

13. 继续要求 ChatGPT 修改错误或者重新生成代码，并将新代码粘贴到【RhinoScript 编辑器】窗口中，如图 6-23 所示。

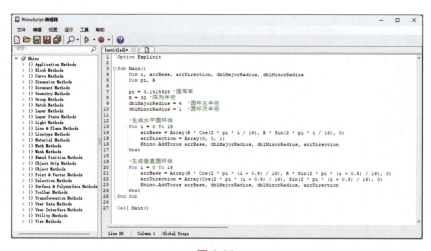

图 6-23

14. 单击标准工具栏中的【运行脚本】按钮 ▷，运行代码后的结果如图 6-24 所示。

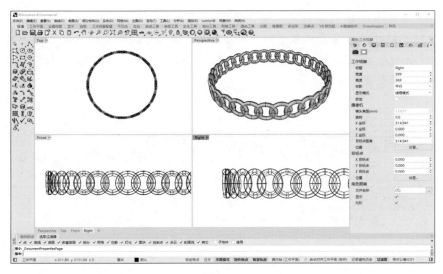

图 6-24

15. 由此可见，ChatGPT 还是没有理解垂直翻转圆环体的意思，或者没有明白圆环体轴线方向的确定方法。我们要求先创建水平圆环体，再创建垂直圆环体，而演示的结果是先创建垂直圆环体，再创建水平圆环体。接下来将结果反馈给 ChatGPT，看看能否改变，如果改变不了，就要手动修改代码。图 6-25 所示为新的要求。

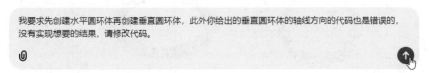

图 6-25

16. 随后 ChatGPT 自动修正代码，将代码复制并粘贴到【RhinoScript 编辑器】窗口中，再次运行代码。发现代码仍出现了问题，下面手动修改代码。

17. 按 Ctrl+Z 组合键返回到上一段代码中。首先将生成水平圆环体的代码和生成垂直圆环体的代码进行调换，如图 6-26 所示。

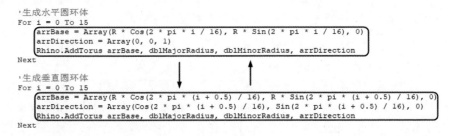

图 6-26

18. 从前面运行代码的效果看，第二轮的圆环体并没有翻转，也就是说这段代码出现了问题，主要是变量 Array 后面的定义圆环方向取值错误引起的，只需将 arrDirection = Array(Cos(2 * pi * (i + 0.5) / 16), Sin(2 * pi * (i + 0.5) / 16), 0) 代码进行修改即可，结果如图 6-27 所示。

```
'生成水平圆环体
For i = 0 To 15
    arrBase = Array(R * Cos(2 * pi * (i + 0.5) / 16), R * Sin(2 * pi * (i + 0.5) / 16), 0)
    arrDirection = Array(arrBase(0), arrBase(1), arrBase(2))
    Rhino.AddTorus arrBase, dblMajorRadius, dblMinorRadius, arrDirection
Next

'生成垂直圆环体
For i = 0 To 15
    arrBase = Array(R * Cos(2 * pi * i / 16), R * Sin(2 * pi * i / 16), 0)
    arrDirection = Array(0, 0, 1)
    Rhino.AddTorus arrBase, dblMajorRadius, dblMinorRadius, arrDirection
Next
```

图 6-27

19. 单击标准工具栏中的【运行脚本】按钮 ▷，运行代码后的结果如图 6-28 所示。

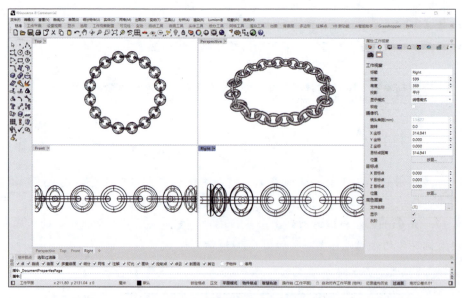

图 6-28

20. 单击【保存】按钮 📄，将代码保存，保存格式为 .rvb。
21. 如果常用这个插件，可将保存的 .rvb 文件放置于系统 C 盘或 D 盘的某个文件夹中。若需调用这个插件，可在 Rhino 的菜单栏中执行【工具】/【RhinoScript】/【执行】命令，弹出【执行脚本子程序】对话框，从中选择要打开的脚本子程序，如图 6-29 所示。

22. 如果没有显示所需的脚本子程序，可执行菜单栏中的【工具】/【RhinoScript】/【载入】命令，打开【载入脚本文件】对话框。单击【新增】按钮，将.rvb 代码文件载入，然后单击【载入】按钮，如图 6-30 所示。

图 6-29

图 6-30

6.4 利用 Python 脚本建立模型

Rhino 中的 Python 脚本功能强大，也可以用来自动建模并扩展 Rhino 的功能。利用 Python 脚本可以创建、修改和分析 Rhino 的 3D 模型，其主要特点如下。

- 自动化：通过 Python 脚本，用户可以自动化重复的任务，提高工作效率。
- 扩展功能：用户可以通过编写 Python 脚本来扩展 Rhino 的功能，例如，创建自定义的几何形状，实现特定的算法。
- 分析模型：Python 脚本还可以用来分析 3D 模型，例如，计算模型的体积，检查模型的完整性。
- 跨平台：Python 脚本在 Rhino 的所有平台（包括 Windows 和 Mac）上都可以运行。
- 易学易用：Python 是一种易学易用的编程语言，对于没有编程经验的用户来说，也可以快速上手。

Python 脚本在 Rhino 中的作用和 RhinoScript 脚本的作用基本相同，但也有一些区别。

- 语言：Python 脚本使用 Python 语言，而 RhinoScript 使用 VBScript 语言。Python 语言更加强大和灵活，有更多的库和资源可供使用。
- 跨平台：Python 脚本可以在 Rhino 的所有平台（包括 Windows 和 Mac）上运行，而 RhinoScript 脚本只能在 Windows 平台上运行。
- 功能：Python 脚本可以访问 Rhino 的所有功能，包括创建、修改和分析 3D 模型。而 RhinoScript 脚本的功能相对较少，主要用于自动化和简化一些常见的任务。

- 易用性：Python 语言的语法更加简洁、明了，对于初学者来说，学习 Python 可能会比学习 RhinoScript 更加容易。

总的来说，Python 脚本在功能性、跨平台性和易用性方面都优于 RhinoScript 脚本。但是，如果用户已经熟悉 VBScript 语言，或者任务只需要 RhinoScript 的功能，那么使用 RhinoScript 也是一个不错的选择。接下来我们将链条模型的 RhinoScript 脚本改成 Python 脚本，看看 ChatGPT 在 Python 代码生成方面的表现如何。

Python 脚本的编码规则和 RhinoScript 脚本的编码规则是完全不同的，本例不给 ChatGPT 新的提示。

【例 6-5】利用 ChatGPT 生成 Python 脚本。

1. 将本例源文件夹中 "Python 示例代码 .txt" 文件里面的示例代码复制并粘贴到 ChatGPT 的【自定义 ChatGPT】对话框中，如图 6-31 所示。

图 6-31

2. 在 ChatGPT 聊天信息文本框中输入信息并单击【发送】按钮↑，如图 6-32 所示。

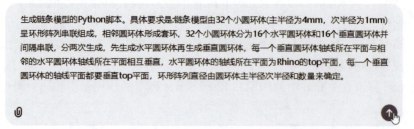

图 6-32

3. ChatGPT 将自动生成 Python 脚本。将其复制，然后在 Rhino 中执行菜单栏中的【工具】/【脚本】/【编辑】命令，弹出【脚本编辑器】窗口，将复制的代码粘贴到代码区中，如图 6-33 所示。

6.4 利用 Python 脚本建立模型

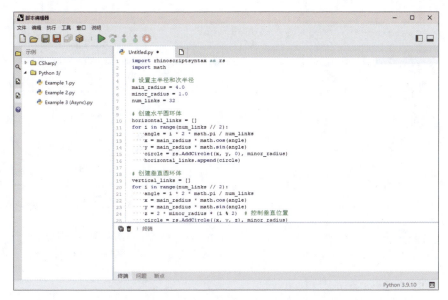

图 6-33

4. 单击【保存】按钮 🖫，将代码文件保存到 C 盘的根目录下，不要存放在中文命名的文件夹中。单击【运行活动脚本】按钮 ▶ 检验代码是否有问题。出现的问题随后显示在下方的【输出】选项卡中，如图 6-34 所示。

图 6-34

5. 问题出现在第 4 行，那是 ChatGPT 生成的中文注释，不是代码，说明在 Python 脚本中不能出现中文。将代码中所有的中文注释删除，或者改为英文注释，修改后再次单击【保存】按钮 🖫 保存代码。然后重新执行代码，发现能够自动生成对象，但并非所需的实体对象，是线框对象，如图 6-35 所示。

175

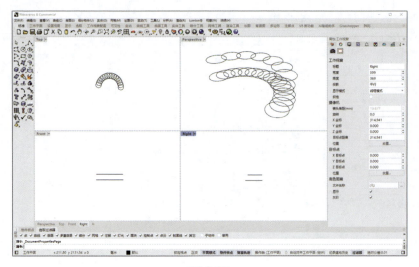

图 6-35

6. 重新让 ChatGPT 修正错误后，仍然达不到理想效果，如图 6-36 所示。由此可见，ChatGPT 对于 Rhino 中 Python 脚本的编码规则不是很了解。

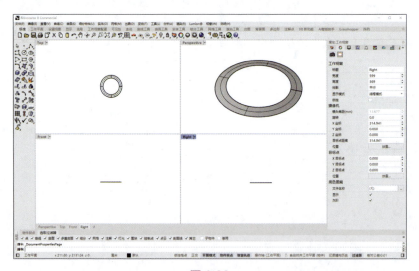

图 6-36

7. 接下来我们将前面成功创建链条模型的 RhinoScript 脚本代码进行转换，并尝试使用 ChatGPT 的代码转换功能。在 ChatGPT 中重新创建对话，输入新的信息并粘贴前一范例中的代码（也可在本例源文件夹中打开"链条 RhinoScript 代码 .txt"文件复制代码），如图 6-37 所示。

> **提示**：在 ChatGPT 中若要跳行输入，可按 Shift+Enter 组合键。

6.4 利用 Python 脚本建立模型

8. 单击【发送】按钮⬆发送信息后 ChatGPT 自动转换代码，如图 6-38 所示。将转换的代码复制并粘贴到 Rhino 的【脚本编辑器】窗口中。

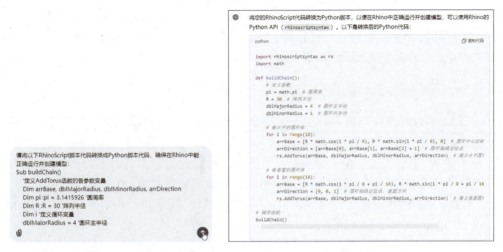

图 6-37　　　　　　　　　　　　　图 6-38

9. 单击【运行活动脚本】按钮▶，顺利运行代码，无弹窗显示错误，Rhino 也随后自动创建模型，如图 6-39 所示。

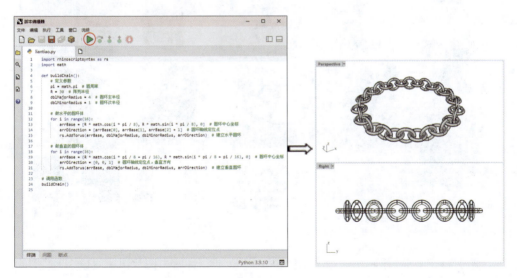

图 6-39

10. 最后保存代码和模型。

由此可见，ChatGPT 的代码转换能力还是非常强的，只是在编码方面还存在短板，目前只能作为辅助手段。

6.5　3D 生成式 AI 辅助产品设计

AI 辅助产品造型设计是一种创新性的方法，它融合了 AI 技术和产品造型设计过程，为设计师提供了更高效、智能的工具和资源。本节详细介绍如何运用 AI 平台来完成一个玩具产品的造型设计。

6.5.1　CSM 的 3D 模型生成

CSM 平台可将任何输入转换为适用于游戏引擎的 3D 资源。该平台能够迅速而便捷地将照片和视频转化为 3D 模型。CSM 提供网页端、手机端和 Discord 应用，具备强大的 AI 生成功能，极大地简化了 3D 模型的创建过程。只需上传照片或视频，按照简单的流程进行 3 次单击操作，即可轻松获取高质量的 3D 模型。

CSM 有 5 种功能模式：文本转 3D、图像转 3D、AI 重构、基于部件的资产包和动画 3D 模型。CSM 首页如图 6-40 所示。

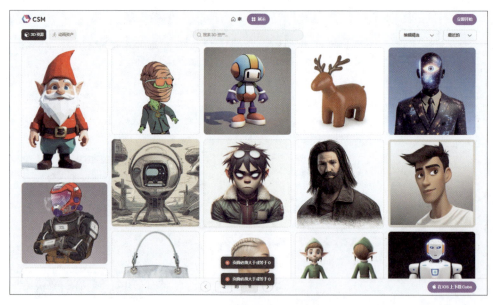

图 6-40

本例将在 CSM 平台中使用【图像转 3D】功能，详解由图片快速生成 3D 模型的全过程。

【例 6-6】在"图像转 3D"模式下生成 3D 模型。

图像转 3D 是指导入图片后，AI 工具参照图片进行 3D 生成。

1. 进入 CSM 首页。初次使用 CSM 需要用户注册新账号，在首页右上角单击【立即开始】按钮，进入注册页面，按照要求进行注册即可，如图 6-41 所示。

6.5 3D 生成式 AI 辅助产品设计

图 6-41

> 提示：CSM 网页为英文页面，本例通过 360 极速浏览器（或其他浏览器）的谷歌翻译插件对英文网页进行中文翻译，便于初学者学习。

2. 注册账号成功后会自动进入 CSM 操作界面，如图 6-42 所示。操作界面中包括 CSM 的所有功能。

图 6-42

3. 在 CSM 操作界面中单击【图像到 3D 快速访问】选项组中的【上传】按钮，将本例的源文件夹中的"AI 智能音箱效果图 .png"图像文件上传到 CSM 中，如图 6-43 所示。

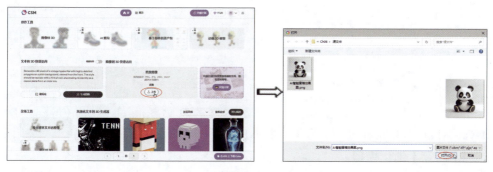

图 6-43

4. 在稍后弹出的【准备图像以进行 3D 设置】界面中设置选项，完成后单击【提交】按钮，如图 6-44 所示。

5. CSM 会自动参考图像并生成模型，如图 6-45 所示。这个模型比较粗糙，精度不够高，不能直接导出进行结构设计。由于是普通用户，此时需要排队等候 CSM 进行模型精细化。

图 6-44　　　　　　　　　　　　　　　图 6-45

6. 等待一段时间之后，得到表面更加精细的 3D 模型。单击【下载】按钮，选择免费下载的文件格式下载模型，如图 6-46 所示。

图 6-46

6.5.2　细化 3D 模型

能够对网格 3D 模型进行细分和平滑处理的软件有很多，包括 Cinema 4D、Maya、Rhino、Blender 等。这里我们使用 Rhino 进行细化 3D 模型的操作。

【例 6-7】细化模型。

1. 启动 Rhino 8.0，在菜单栏中执行【文件】/【导入】命令，将 6.5.1 小节生成

6.5 3D 生成式 AI 辅助产品设计

的 .glb 文件导入，如图 6-47 所示。

图 6-47

2. Rhino 的视图操控方式为：按 Shift 键 + 右键为平移视图；滚动中键为缩放视图；按右键为旋转视图。导入的模型中还带有 CSM 生成的纹理，如图 6-48 所示。

图 6-48

3. 将视图设为"线框模式"，如图 6-49 所示。

181

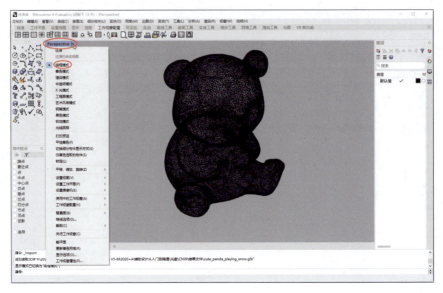

图 6-49

4. 在菜单栏中执行【细分物件】/【编辑工具】/【细分】命令，然后框选整个模型网格并按 Enter 键进行自动细分，目的是让模型网格分得更细，便于平滑处理，如图 6-50 所示。

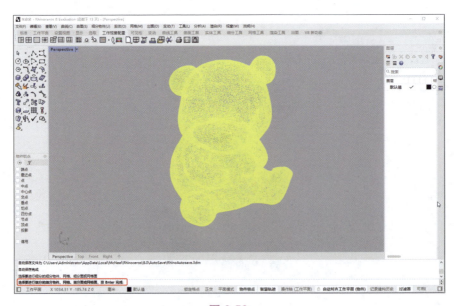

图 6-50

5. 再执行菜单栏中的【细分物件】/【编辑工具】/【滑动】命令，然后选取整个模型的所有顶点，再按 Enter 键完成网格的平滑处理，如图 6-51 所示。

6.5 3D 生成式 AI 辅助产品设计

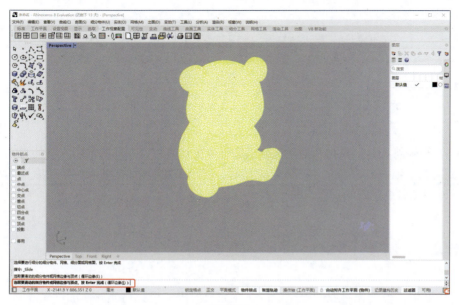

图 6-51

> **提示**：当然，以上处理并不是在整个模型的外部形成光滑表面，毕竟这个模型是毛绒玩具。若要做成光滑表面，还需将模型导入 Cinema 4D 软件中再次进行细化处理。

6. 在命令行中输入"MeshToNurb"命令并执行，然后选取网格模型进行曲面转化，最后将模型文件保存。

第 7 章 增强的 AI 渲染技术

在 Rhino 8.0 中，AI 技术的融入使渲染过程更加高效，并达到前所未有的真实度。本章将深入探讨 AI 增强的 Rhino 渲染技术，揭示 AI 技术如何革新传统的渲染方法，为设计师开启更广阔的创作空间。

■ 7.1 基于 Rhino 渲染器的渲染

渲染是三维制作过程的收尾阶段，在完成建模、设计材质、添加灯光或制作动画后，通过渲染才能使图像或动画更加真实和丰富多彩。

7.1.1 渲染前的准备

在渲染前，需要检查模型是否破裂。

如果发现模型有缝隙，一定要将相连的曲面链接起来。但很多时候，我们仅凭视觉是无法判断曲面的边界是否相连，这就需要用到曲面分析中的检查边缘工具。

例如，如图 7-1 所示，在蛋托边缘部分使用了【不等距边缘圆角】、【混接曲面】等多个命令，曲面边缘看似已经完美结合。当我们在菜单栏中执行【分析】/【检测】/【检查】命令，并选取蛋托作为检查对象时，结果如图 7-2 所示。

图 7-1

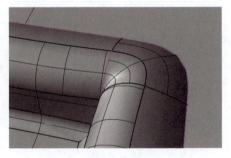
图 7-2

从中不难发现，模型中有些边缘是外露的，也就是说存在多余的边界，这说明有缝隙，或者曲面重叠、交叉。这是因为在 Rhino 中使用衔接、倒角等命令时会影响整个面的 CV 点分布，所以出现外露边界。

为了解决此问题，我们可以执行菜单栏中的【分析】/【边缘工具】/【组合两个外露边缘】命令，将两个外露边缘连接起来，如图7-3所示。

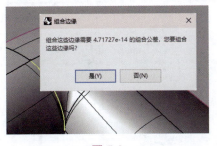

图 7-3

> 提示：【组合两个外露边缘】命令仅在渲染前使用，不会更改模型的原始数据，只是对边缘进行处理。这种方法治标不治本，要想建立无缝隙的模型，需要在建模时加以注意。

7.1.2　Rhino 渲染设置

Rhino 渲染工具在【渲染工具】工具列中，如图7-4所示。

图 7-4

在菜单栏中执行【工具】/【选项】命令，打开【Rhino 选项】对话框。在左侧选项列表中选择【Render】选项，右侧选项区显示渲染设置面板，如图7-5所示。

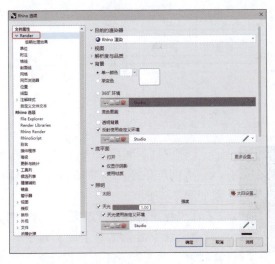

图 7-5

> **提示**：要想使渲染设置的选项生效，需要在菜单栏中执行【渲染】/【目前的渲染器】/【Rhino 渲染】命令，如图 7-6 所示。

图 7-6

Rhino 渲染器的高级设置选项如图 7-7 和图 7-8 所示。

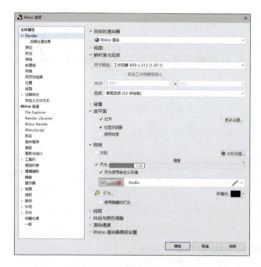

图 7-7

图 7-8

图 7-9

【例 7-1】利用 Rhino 渲染工具渲染可乐瓶。

本例可乐瓶的渲染难点是灯光和背景，最终渲染效果如图 7-9 所示。

1. 打开本例素材源文件"可口可乐瓶.3dm"。

2. 在【渲染工具】工具列中单击【切换材质面板】按钮，将【材质】面板调出来，如图 7-10 所示。

7.1 基于 Rhino 渲染器的渲染

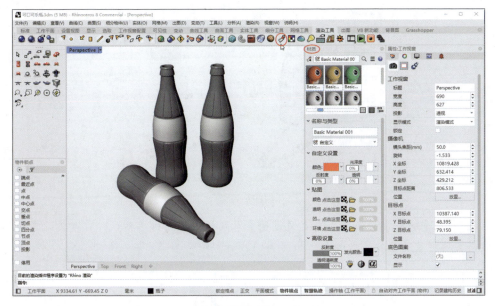

图 7-10

3. 在【图层】面板中将"瓶子"图层设为当前图层（双击"瓶子"图层即可），然后按住 Shift 键依次单击选中 3 个瓶子模型，如图 7-11 所示。

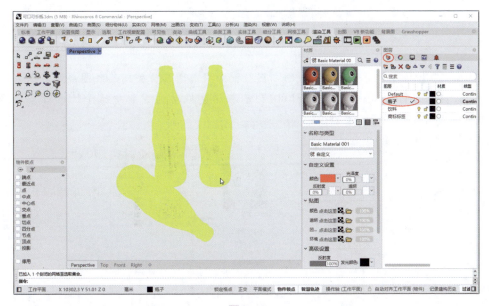

图 7-11

4. 在【材质】面板中，将"Basic Material 003"基本材质选中并拖到 3 个瓶子对象上释放，即可完成材质赋予，如图 7-12 所示。

187

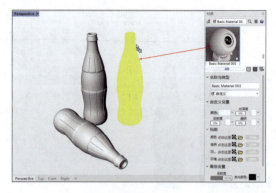

图 7-12

5. 在【材质】面板的【自定义设置】卷展栏中设置材质参数，自定义设置的参数与玻璃材质的参数基本相同，如图 7-13 所示。

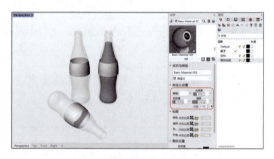

图 7-13

6. 在【图层】面板中将"饮料"图层设为当前图层，关闭其余图层的显示。将【材质】面板中的"Basic Material 001"基本材质拖动到视图中赋予饮料对象，如图 7-14 所示。

图 7-14

7. 在【材质】面板的【名称与类型】卷展栏中选择【更多类型】，随后弹出【材料类型浏览器】对话框，单击【导入】按钮，如图 7-15 所示。

7.1 基于 Rhino 渲染器的渲染

图 7-15

8. 在弹出的【打开】对话框中，浏览材质库文件路径，选择 Water.rmtl 材质并打开，此时【材质】面板中的"Basic Material 001"材质的属性被 Water.rmtl 材质属性覆盖，如图 7-16 所示。

图 7-16

9. 接下来为饮料材质设置颜色，可口可乐饮料的颜色是深咖啡色。如果不知道这种颜色的成分，可以在网络上搜索可口可乐饮料的颜色图片。接着在【材质】面板中单击【颜色】图块 颜色： ，打开【选取颜色】对话框，再以"取色滴管"方式到网页中取色，如图 7-17 所示。

图 7-17

10. 或者在【选取颜色】对话框中，选择深色咖啡色，如图 7-18 所示。再调整

189

饮料材质参数，如图7-19所示。

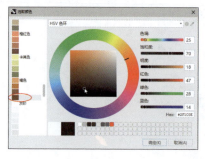
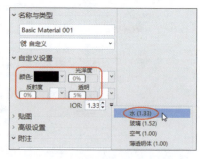

图7-18　　　　　　　　　　　　图7-19

11. 在【图层】面板中激活"商标标签"图层。接着在【渲染工具】工具列中单击【切换贴图面板】按钮，打开【贴图】面板。

12. 在【贴图】面板中单击【添加贴图】按钮，从弹出的菜单中选择【图片贴图】命令，然后从本例源文件夹中打开"可口可乐标签.jpg"图片，如图7-20所示。

图7-20

13. 拖动新建的贴图到3个瓶子的商品标签所在的面上释放，完成商品标签的贴图，结果如图7-21所示。

图7-21

14. 在【渲染工具】面板中单击【切换环境面板】按钮🔵，打开【环境】面板。在【环境】面板中单击【添加环境】按钮，在弹出的菜单中选择【从环境库导入】命令，从环境库路径中选择"Dublin Studio.renv"场景，如图 7-22 所示。

图 7-22

> 提示：环境库的路径为 C:\Users\Administrator\AppData\Roaming\McNeel\Rhinoceros\8.0\Localization\zh-CN\Render Content\Environments。

15. 在【环境】面板中将 Dublin Studio 场景直接拖到视图中释放，即可完成渲染场景的添加。

16. 在【渲染工具】面板中单击【切换底平面面板】按钮，打开【底平面】面板。勾选【显示底平面】复选框添加底平面，如图 7-23 所示。

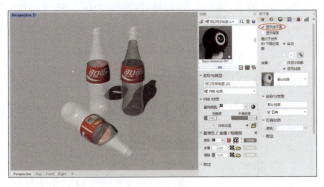

图 7-23

17. 在【名称与类型】卷展栏中选择【图像】选项，将材质库路径下的"Textures"纹理文件夹中的"FloorBoards.png"图像文件打开，如图 7-24 所示。

> 提示：材质库的地板文件路径为 C:\Users\Administrator\AppData\Roaming\McNeel\Rhinoceros\8.0\Localization\zh-CN\Render Content\Textures。

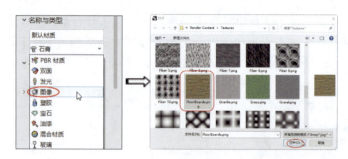

图 7-24

18. 在【底平面】面板中设置贴图轴的大小，设置的地板效果如图 7-25 所示。

图 7-25

19. 添加聚光灯。在【渲染工具】面板中单击【切换灯光面板】按钮，打开【灯光】面板。在【灯光】面板中单击【添加灯光】按钮，在弹出的菜单中选择【聚光灯】命令。接着在 Top 视窗中绘制圆锥体底面，再在 Right 视窗中调整位置点，如图 7-26 所示。

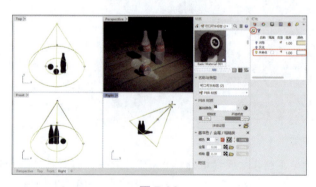

图 7-26

20. 设置聚光灯的阴影厚度和锐利度，如图 7-27 所示。
21. 由于聚光灯的灯光强度还达不到渲染效果，我们需要额外增加强度，唯一的办法就是增加其他类型的光源。这里增加点光源,点光源须与聚光灯的位置点完全重合,避免产生多重阴影,如图 7-28 所示。

图 7-27

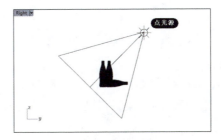

图 7-28

> **提示:** 分别在 Front 视窗和 Right 视窗中调整点光源的位置。

22. 设置点光源的参数,如图 7-29 所示。

23. 在【渲染设置】工具列中单击【渲染】按钮,弹出渲染对话框,同时对模型进行渲染,渲染的结果显示在对话框右侧的预览窗口中,如图 7-30 所示。

图 7-29

图 7-30

24. 为了增强渲染效果,在渲染对话框的【最终】选项卡中输入【伽马】值为 0.8,可以看见渲染的效果更加逼真了,如图 7-31 所示。

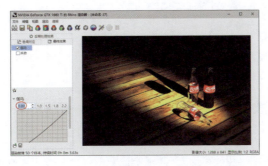

图 7-31

25. 单击渲染对话框中的【渲染另存为】按钮■，将渲染效果另存为 JPG、BMP 等格式的图片文件。

7.2 基于 AI 的渲染

在本节中，我们将使用两款 AI 工具在 Rhino 中对工业产品模型和建筑模型、建筑室内设计模型进行实时渲染，得到真实场景的效果图。

7.2.1 基于 ArkoAI 的智能渲染

ArkoAI 是一款内置于建模软件中的智能化渲染插件，可与 Rhino、Revit 和 SketchUp 等软件交互。

一、工业品渲染

【例 7-2】利用 ArkoAI 对工业产品模型进行渲染。

1. 首先进入 ArkoAI 官方网站，主页如图 7-32 所示。

图 7-32

> **提示：** ArkoAI 官方网站主页默认为英文界面，可用 360 极速浏览器的中文翻译插件谷歌翻译来翻译网页。

2. 单击【免费试用】按钮进入分类页面，然后选择 Rhino 与 ArkoAI 的交互插件进行下载，如图 7-33 所示。

> **提示：** ArkoAI 插件的试用期不限，但限制渲染的次数为 30 次，超过 30 次需要付费使用。

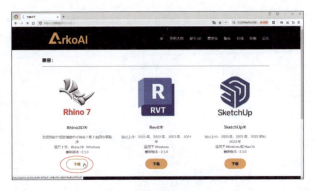

图 7-33

3. 下载插件后，双击插件程序 ArkoAI-Rhino-2.1.0.0.msi 进行默认安装，如图 7-34 所示。

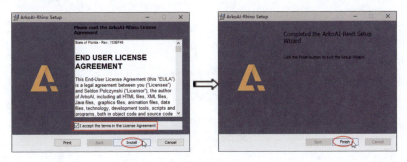

图 7-34

4. 启动 Rhino 8.0，在软件窗口底部的命令行中输入"Arko"，然后选择指令集中的【ArkoAIStartCommand】指令，系统自动执行该指令，随后弹出【ArkoAI-2.1.0】窗口，如图 7-35 所示。

图 7-35

5. 初次使用 ArkoAI，需要单击【Sign Up】按钮进行注册，使用邮箱注册即可。
6. 在 Rhino 8.0 中打开本例素材源文件"电吉他 .3dm"，如图 7-36 所示。

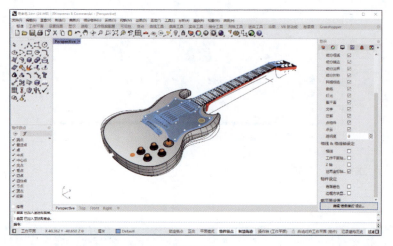

图 7-36

7. 在命令行中输入"A"，系统自动补全指令"ArkoAIStartCommand"，随后弹出【ArkoAI-2.1.0】窗口，如图 7-37 所示。

图 7-37

8. ArkoAI 有两种服务模式：一种是 Basic 模式，免费试用 30 次，也是最简单的基础渲染模式，渲染效果一般；另一种是 Pro 模式，渲染效果较好，但需要付费使用。本例中的操作使用 Basic 模式，但会详细介绍 Pro 模式。

9. 单击【Pro】工具列，显示 ArkoAI 的高级功能。如果是工业品类型，请在【Discipline（风格）】下拉列表中选择【Tools（工具）】类型；如果是建筑或者室内设计，请选择其他类型。就本例的电吉他模型而言，在【Words or Positive prompts（正面提示词）】文本框中输入"Deep blue gradient colour, pearl white headstock, sidelight illumination, studio background, vintage style, high definition details, gibson classic, wood metal texture, dim ambience.（深蓝渐变色彩，珍珠白琴头，侧光照亮，录音室背景，复古风格，高清细节，gibson 经典，木质金属质感，昏暗氛围。）"

> **提示**：关于 AI 提示词，如果是初次使用 AI 的用户，可以通过文心一言、ChatGPT 等聊天工具，将所需要求告诉它们，即可获得很好的提示词。比如本例是一把电吉他，可在文心一言中提问"我想给电吉他模型进行 AI 渲染，请给我一些提示词，不要用罗列的语句，直接简洁明了地给出答案"，随后得到提示词，如图 7-38 所示。此外，ArkoAI 对英文的理解超出对中文的理解，所以得到中文提示词后，可通过文心一言将其翻译为英文。

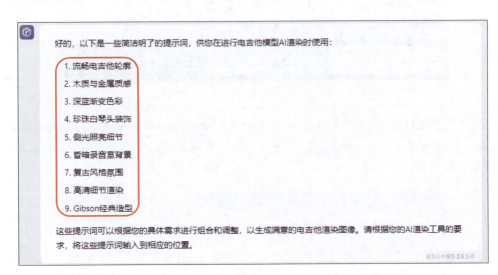

图 7-38

10. 先不填写【Seed（种子）】文本框，在【Negative Prompts（反面提示词）】文本框中可以输入也可以不输入，这取决于用户对渲染效果的要求。

> **提示**：【Seed】是基于之前某个渲染场景所产生的渲染设置。也就是说，如果用户想用同一种风格去渲染其他模型，可以将这种风格所产生的种子去适配其他模型的渲染。第一次渲染一般不输入种子，当后期渲染次数增加时，可以输入种子，每次渲染所产生的种子都会显示在【Pro】工具列的右侧。

11. Pro 模式是付费模式，且价格高，不适合学习。这里单击【Basic】工具列，进入标准模式。在【Discipline（风格）】下拉列表中选择【Industrial Design（工业设计）】类型，正向提示词文本框中保留之前做 Pro 演示时输入的提示词。最后单击【Generate（生成）】按钮，开始 AI 渲染，效果如图 7-39 所示。

图 7-39

12. ArkoAI 会自动将渲染效果图保存在 C:\ProgramData\ArkoAI\Rhino\Renders 路径中。单击【文件夹】按钮 ，可从自动保存的效果图文件夹中找到渲染效果图，如图 7-40 所示。

图 7-40

13. 如果用户没有设计好的产品模型，可否在 Rhino 中随意创建一个形状就能渲染呢？答案是肯定的。如图 7-41 所示，在 Rhino 中创建一个球体后，再在 ArkoAI 中输入提示词"Round-shaped digital speaker, Sleek and modern design, Glossy or matte finish, High-resolution display screen, Subtle brand logo, Subwoofer for deep bass, Diffused lighting effects, Realistic material textures, Surrounding sound capabilities, Warm or cool lighting accents.（圆形数字扬声器，时尚现代的设计，光面或亚光表面处理，高分辨率显示屏，微妙的品牌徽标，低沉的重低音扬声器，弥漫的灯光效果，逼真的材料纹理，环绕声功能，暖色或冷色灯光装饰。）"即可生成一个产品模型并自动完成渲染。

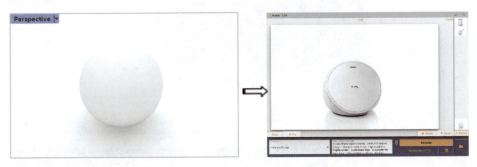

图 7-41

二、建筑渲染

【例 7-3】利用 ArkoAI 对建筑模型进行渲染。

1. 在 Rhino 8.0 中创建球体和长方体，无尺寸要求，可任意创建，如图 7-42 所示。

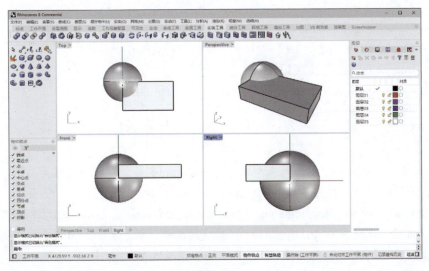

图 7-42

2. 激活 Perspective 视图。在命令行中输入"A"并按 Enter 键，系统自动执行"ArkoAIStartCommand"命令，弹出【ArkoAI-2.1.0】窗口，如图 7-43 所示。

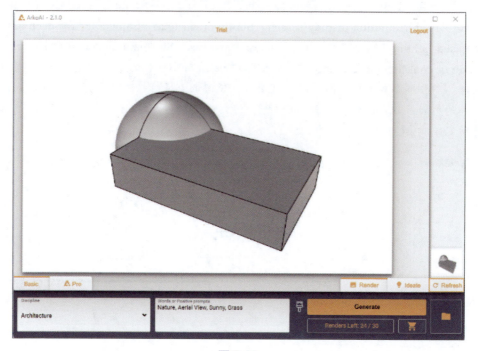

图 7-43

> **提示：**【Discipline（风格）】下拉列表中的类型介绍如下。
> - Architure：建筑。
> - Generic/None：通用/无。
> - Construction：建筑工程。
> - Interior Design：室内设计。
> - Landscape Architecture：园林建筑。
> - Industrial Design：工业设计。
> - Nature：自然。

3. 在【Discipline】下拉列表中选择【Architure】类型，然后通过文心一言获取渲染建筑的提示词"A pure white modern building in the forest, public, design by zaha, starry sky, scenery, tree, fog, wide-angle lens, moon, masterpiece, best quality, 8k（森林中的纯白色现代建筑，公共，扎哈设计，星空，风景，树，雾，广角镜头，月亮，杰作，最佳画质，8k）"，单击【Generate】按钮，ArkoAI 自动完成 AI 渲染，效果如图 7-44 所示。

图 7-44

三、室内设计渲染

【例 7-4】利用 ArkoAI 对室内设计模型进行渲染。

1. 在 Rhino 8.0 中打开本例的素材源文件"现代豪华住宅.3dm",如图 7-45 所示。

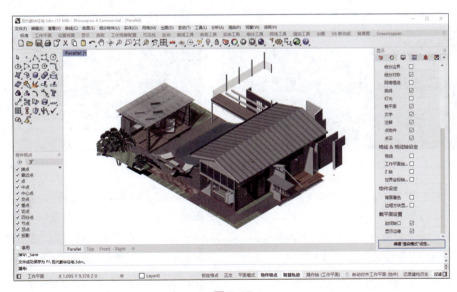

图 7-45

2. 打开的住宅模型中已经创建了多个相机视图，如图7-46所示。接下来直接选择这些视图进行AI渲染。

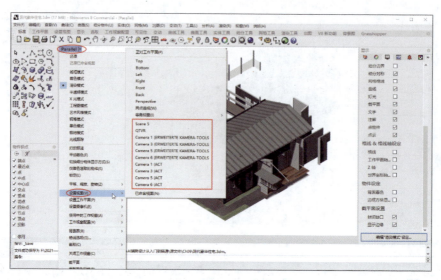

图 7-46

3. 这里选择"Camera 1 (ERWEITERTE KAMERA-TOOLS)视图"。启动ArkoAI，选择【Architure】类型，不填写提示词，单击【Generate】按钮生成图7-47所示的室外建筑效果图。

图 7-47

以上仅为演示，尝试将已经建立的建筑模型进行渲染处理，实际上仅用到ArkoAI的渲染功能，而前一个建筑渲染案例中则用到了ArkoAI的文生图创意功能。

4. 在Rhino 8.0中选择"Camera 6 (ACT)"视图，并重新开启ArkoAI。在ArkoAI窗口中选择【Architure】类型，输入提示词"living room, kitchen, dining table, award-winning, modern, Indoor lighting（客厅，厨房，餐桌，获奖，现代，室内光亮）"，单击【Generate】按钮，生成室内设计效果图，如图7-48所示。

7.2 基于 AI 的渲染

图 7-48

7.2.2 基于 Veras 的智能渲染

Veras 是一款 AI 驱动的可视化应用程序，也可作为多款主流建模软件的插件，如 SketchUp、Revit 和 Rhino，完成对模型的智能化渲染。

【例 7-5】利用 Veras 对工业产品模型进行渲染。

1. 进入 Veras 官方网站，初次使用需要注册，同样使用邮箱注册账号。Veras 试用次数为 30 次，超过 30 次后需要付费使用。

2. 下载 Veras for Windows 插件程序，该插件程序可在 SketchUp、Revit 和 Rhino 等软件中使用，如图 7-49 所示。

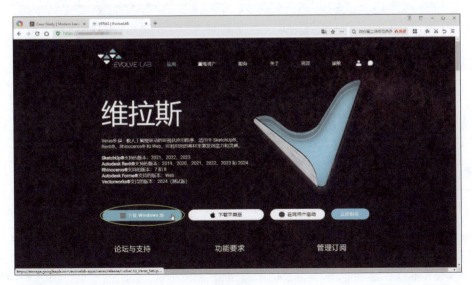

图 7-49

3. 下载插件程序后，双击 EvolveLAB_Veras_Setup.msi 插件程序进行安装，按默认设置进行安装，无须更改设置。

203

4. 启动 Rhino 8.0，同时打开本例素材源文件"电吉他.3dm"，如图 7-50 所示。

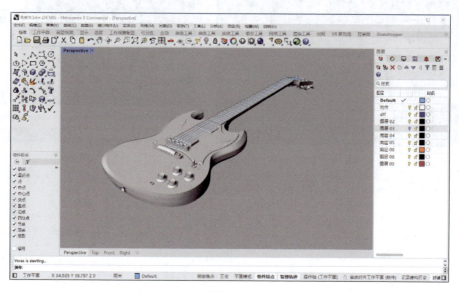

图 7-50

5. 在命令行中输入"Veras"命令并按 Enter 键执行，会弹出【Veras|Rhino 1.6.2.1】窗口，输入注册的 Veras 账号和密码，单击【SIGN IN】按钮登录，如图 7-51 所示。

图 7-51

6. 登录 Veras 后显示所有功能选项，如图 7-52 所示。Veras 有 3 个功能选项卡：EXPLORE（探索）、COMPOSE（合成）和 REFINE（精细）。
- EXPLORE：此选项卡主要用于建筑及室内设计效果图的渲染，可选择模板库中的风格类型，直接渲染成相同风格的效果图。
- COMPOSE：此选项卡用于通过用户自定义提示词及选项设置来生成渲染风格，如图 7-53 所示。

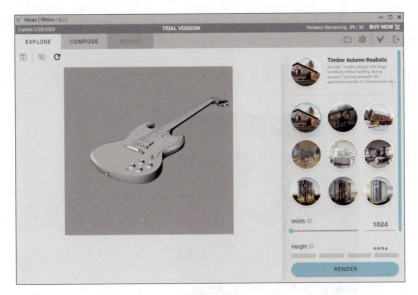

图 7-52

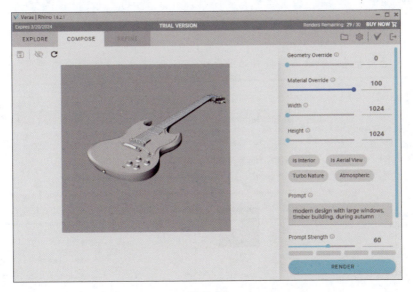

图 7-53

- REFINE：此选项卡用于对部分图像进行精细化渲染或风格替换的渲染。该功能仅在模型完成初次 AI 渲染后才能使用。

7. 切换到【COMPOSE】选项卡，输入提示词"Deep blue gradient colour, pearl white headstock, sidelight illumination, studio background, vintage style, high definition details, gibson classic, wood metal texture, dim ambience.（深蓝渐变色彩，珍珠白琴头，侧光照

亮，录音室背景，复古风格，高清细节，gibson 经典，木质金属质感，昏暗氛围。）"
单击【RENDER】按钮，Veras 自动完成渲染，效果如图 7-54 所示。

图 7-54

8. 自动渲染完成的效果图将自动保存在 Veras 的渲染效果图目录路径下，如图 7-55 所示。

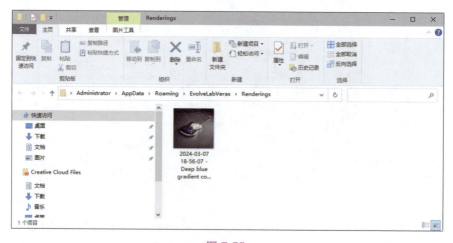

图 7-55

【例 7-6】利用 Veras 对建筑模型进行渲染。

1. 在 Rhino 中打开本例素材源文件"现代豪华住宅 .3dm"，按鼠标右键调整好模型视图，如图 7-56 所示。

7.2 基于 AI 的渲染

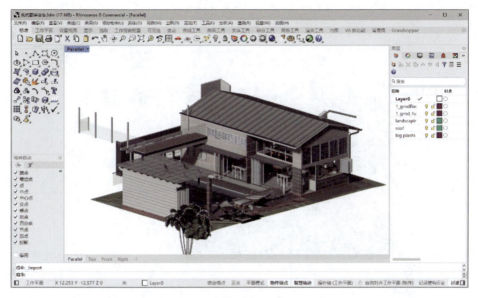

图 7-56

2. 在命令行输入"Veras"命令并按 Enter 键执行，会弹出【Veras|Rhino 1.6.2.1】窗口。切换到【EXPLORE】选项卡，选择【Timber Autumn Realistic（木材秋季写实）】风格，如图 7-57 所示。

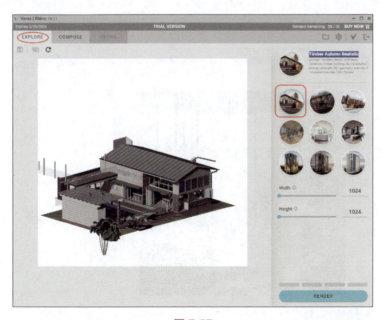

图 7-57

3. 单击【RENDER】按钮，Veras 自动完成渲染，结果如图 7-58 所示。

207

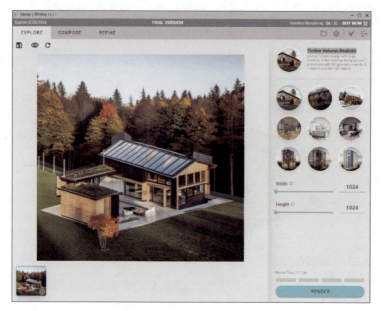

图 7-58

4. 切换到【COMPOSE】选项卡，稍微调整【Geometry Override（几何覆盖）】参数，输入提示词 "Sea view room, wide view, sunny weather, modern style, wood and glass construction（海景房，视野宽阔，晴朗天气，现代风格，木质和玻璃结构）"，单击【RENDER】按钮，Veras 自动完成渲染，结果如图 7-59 所示。

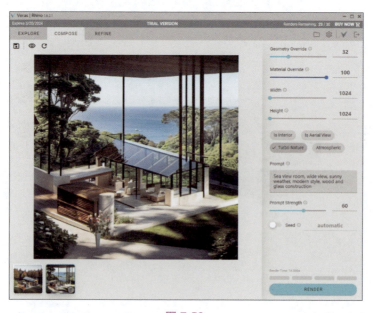

图 7-59

5. 切换到【REFINE】选项卡，在效果图上方单击 按钮，然后在效果图中绘制要精细化渲染的区域，消除原有提示词，输入新提示词"Bar, transparent glass wall（吧台，透明玻璃墙）"，直接单击【RENDER SELECTION（渲染选择）】按钮，将绘制的区域重新渲染，结果如图 7-60 所示。

图 7-60

【例 7-7】利用 Veras 对室内设计模型进行渲染。

1. 无须关闭【Veras|Rhino 1.6.2.1】窗口。在 Rhino 中选择 "Camera 6 (ACT)" 相机视图，如图 7-61 所示。

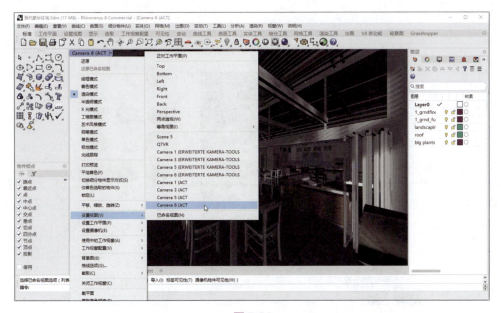

图 7-61

2. 在【Veras|Rhino 1.6.2.1】窗口中切换到【EXPLORE】选项卡。单击 按钮和 按钮，关闭之前的建筑渲染视图，显示 "Camera 6 (ACT)" 相机视图，如图 7-62 所示。

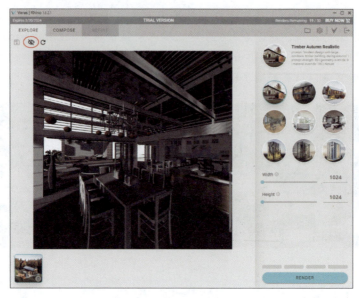

图 7-62

3. 在图形区右侧选择【Living Room - Keep Materials】风格，然后单击【RENDER】按钮进行渲染，结果如图 7-63 所示。

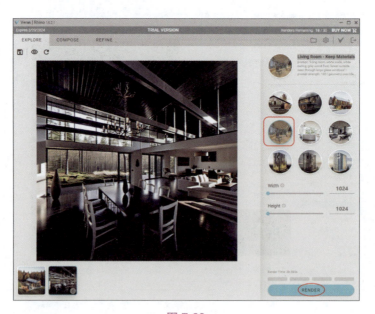

图 7-63

4. 至此，完成了 Veras 的渲染操作。关闭【Veras|Rhino 1.6.2.1】窗口。